人工智能入行实战

从校园到职场

李烨 栾东 著

人民邮电出版社
北京

图书在版编目（CIP）数据

人工智能入行实战 : 从校园到职场 / 李烨，栾东著
. -- 北京 : 人民邮电出版社，2023.4
ISBN 978-7-115-60894-9

Ⅰ. ①人… Ⅱ. ①李… ②栾… Ⅲ. ①人工智能
Ⅳ. ①TP18

中国国家版本馆CIP数据核字(2023)第002873号

内容提要

本书主要讲解人工智能的技术发展和行业现状，旨在帮助读者掌握进入人工智能行业工作的知识和方法。

本书首先介绍人工智能的技术概况、人工智能对人们的生活和工作的影响，以及人工智能的三大技术——机器学习、深度学习和大数据的基本原理与应用。其次，本书介绍人工智能从业者所需要的专业技术，并提供相应的学习方法。接着，本书介绍人工智能的行业概况，并将人工智能行业的岗位分为算法岗、工程岗、数据岗和产品岗，详细介绍各岗位的工作内容、能力要求、发展方向等。随后，本书讲解在人工智能行业求职的方法，包括求职前的准备工作和求职过程中的注意事项。最后，本书通过 3 位人工智能行业新人的入行经历，以及对 5 位有一定工作经验的人工智能从业者的采访，帮助读者切实了解人工智能行业并树立求职信心。

本书可作为想要入行人工智能领域的高校学生或在职人士的就业指导，亦可作为人工智能行业的人力资源师、猎头、行业分析师等的参考图书。

◆ 著　　　李　烨　栾　东
责任编辑　胡俊英
责任印制　王　郁　焦志炜

◆ 人民邮电出版社出版发行　北京市丰台区成寿寺路 11 号
邮编　100164　电子邮件　315@ptpress.com.cn
网址　https://www.ptpress.com.cn
北京九州迅驰传媒文化有限公司印刷

◆ 开本：880×1230　1/32
印张：6.75　　2023 年 4 月第 1 版
字数：160 千字　　2023 年 4 月北京第 1 次印刷

定价：59.80 元

读者服务热线：(010)81055410　印装质量热线：(010)81055316
反盗版热线：(010)81055315
广告经营许可证：京东市监广登字 20170147 号

推　荐　辞

AI 技术的迅速发展为每个人都开启了一道“智能之门”。但能否入门并获得发展的良机，靠的不仅仅是知识，还要能够将知识应用到日常的工作与生活当中。

通读本书，我看到了一名 AI 行业老兵历经多年的持续学习与实践探索后的心得分享——有经验，有教训，更为难得的是作者为有志于进入 AI 行业的新人们提供了经过实证的入行建议和成长路径参考。我相信本书能够帮助读者更加全面地掌握人工智能的入行之道。

——韦青，微软（中国）首席技术官

人工智能内容生成（Artificial Intelligence Generated Content，AIGC）领域近期发展迅猛，充分证明 AI 正在改变各行各业，将极大提升行业生产力，未来每个行业都需要把人工智能作为行业底座。人工智能领域既有前沿性的研究，又有很多应用场景需要技术实践落地。本书系统讲解了人工智能从业者需要的技能和学习方法，对于想要向AI行业发展的在校学生和在职人士都有很强的指导意义。

——蒋涛，CSDN 创始人 & 董事长、极客帮创投创始合伙人

年轻人，你在关注人工智能这个热门行业吗？你想加入这个行业吗？你准备好了吗？这本书的作者是资深的人工智能从业者，这本书将告诉你人工智能职场的方方面面，对你再适合

不过了。祝你成功!

——熊璋，北京航空航天大学教授、校学术委员会副主任
国家教材委员会科学学科专家委员会委员

近年来，人工智能的相关技术和产品能力逐渐发展成为支撑数字经济的中坚力量。从拉勾招聘的数据中能看到，人工智能行业的整体薪酬竞争力超越了大多数行业，越来越多的求职者渴望进入人工智能行业。本书抽丝剥茧地帮助新入行者和未入行者厘清许多复杂的AI概念，梳理AI行业的发展和择业脉络，是进入AI领域就业的实用指南。

——鲍艾乐，拉勾招聘联合创始人

在“人工智能（AI）”这个字眼频繁出现的现代社会，如果你还对它知之甚少，这将是一本很友好的入门读物；如果你身处大学，正探索着将来是否要从事人工智能相关的工作，你将在这本书里找到相当全面的信息——不仅包括必要的理论概况、所需的专业技术及其学习方法，还有行业中的相关岗位介绍，甚至囊括了从业者的切身体验分享；如果你是像我一样的HR，想了解人工智能领域、更好地帮助企业招纳AI人才，这也是一本可以快速消化理解的参考书。让我们跟随微软AI领域的专业人士共同开启这趟探索之旅吧!

——郑涓，微软（中国）资深人力资源经理

前　言

在 2022 年 6 月举办的“第六届世界智能大会”上，各式各样的人工智能与实体经济融合的落地场景精彩亮相，涵盖制造、交通、医疗等众多领域。会上的数据显示，目前我国人工智能核心产业规模已超过 4000 亿元，各行各业基于人工智能而产生的新业态、新模式不断涌现，人工智能俨然已成为我国经济发展的加速器之一。

与此同时，2022 年我国应届大学毕业生首次突破千万大关，达到了 1076 万人，比 2021 年增加 167 万人，规模和增量均创历史新高。就业，无论对学生个人、学校还是社会，都具有重大意义。多家求职网站发布的数据证实，从 2019 年起，高新科技行业的招聘需求呈现持续爆发之势，人工智能领域和大数据则是其中的翘楚。由此可见，作为新基建代表之一的人工智能行业，无论对于应届毕业生还是职场人员，都是十分向好的求职方向。

人工智能到底是什么？进入该行业需要哪些知识与技能？未来的职业发展又将如何？本书作者作为拥有人工智能行业十余年经验的从业者，将为读者一一剖析这些问题，并详细讲解在人工智能行业求职的各个环节。此外，作者还将通过自身及众多同行的经历，为读者展示人工智能行业从业者的真实工作体验与感受。

目标读者

本书适合有志于进入人工智能行业工作的大学在校生、应届毕业生及职场人员阅读。本书没有任何阅读门槛，不仅对人工智能、计算机相关专业的读者十分友好，而且其他学科专业背景的学生和在职人员也可以无障碍阅读。

读者将收获什么

通过阅读本书，读者能够了解人工智能的原理、应用和核心技术，人工智能行业的总体情况，人工智能行业各类岗位的入门要求、工作内容、职业发展路径，以及所需的知识体系及其学习方法。

考虑到在校学生及非人工智能行业从业者缺乏在人工智能行业内的求职经验，本书详细讲解了从前期准备到简历投递、面试和入职讨论等的整个求职流程。

此外，本书还提供了多位人工智能从业者的入行经历，以供读者参考。无论是专业对口的毕业生、跨专业的求职者，还是已经身在职场立志转岗到人工智能领域的在职人员，都能从中找到共鸣和启发。

本书结构

第 1 章　认识人工智能

本章从直观的角度讲解人工智能是什么、人工智能的主流技术与应用，以及人工智能对人类的影响。本章旨在让读者能够从全局的角度对人工智能有一个初步认识。

第 2 章　人工智能技术的原理与应用

本章讲解在人工智能技术中拥有核心地位的机器学习、深度学习和大数据技术的基本原理。本章旨在从科普的角度帮助读者了解人工智能技术的基础原理和应用范围。

第 3 章　人工智能从业者的技能包

人工智能行业中有各式各样的岗位，虽然每个岗位的要求不尽相同，但整体而言，这些岗位仍然有许多共性。本章以人工智能行业的标志性岗位——算法工程师为例，讲解本行业所需的知识体系和技术栈，并针对这些知识和技术提供学习规划、学习方法和多种工具与资源。

第 4 章　走进人工智能行业

本章简要介绍人工智能行业的现状和发展趋势，并分别解析算法、工程和数据三类技术性岗位的门槛、职责和发展

路径。此外，本章还专门介绍人工智能行业的产品经理的特点——尤其是区别于互联网产品经理的部分，以及人工智能行业产品经理的工作内容和必备素质。

第 5 章　从校园到职场

有别于在学校中的学习和考试，求职、就业是一个有一定难度的系统工程，除了要具备必需的学术素质和技术能力，更需要求职者主动规划自己的职业发展，主动表达自己，并和招聘方实现良性互动。本章内容衔接校园与职场，详细讲解包含打造个人品牌、撰写简历、笔试、面试以及与招聘方协商就职细节等的求职过程。

第 6 章　成为人工智能从业者，是一种怎样的体验？

除了知识技能和学习方法，榜样的力量也是必不可少的。那些已经进入人工智能行业的从业者，都经历了怎样的求职历程？入职后又有怎样的感受呢？本章包含对多位不同企业、不同岗位、不同经历的人工智能从业者的采访，不同背景、境遇的读者都有可能从中找到自己的影子和目标。

致谢

本书的写作和出版过程得到了很多朋友的大力支持，在此特别感谢韩慧昌、侯鸿志、许后凡、何一凡、潘旺、刘庆鹏、刘培、陈好好、吴佩容、刘潇、黄博、陈璐给予我们的帮助。

作者简介

李烨，微软（亚洲）互联网工程院首席算法工程师，微软 AI Talent Program 创始人、架构师。拥有近二十年的 IT 行业从业经验，曾在 SUN、EMC 等跨国 IT 公司的核心研发部门工作。研究领域包含知识图谱、智能对话、自然语言理解、人工智能行业解决方案。著有《算法第一步》《机器学习极简入门》等图书。

栾东，曾任微软（亚洲）互联网工程院资深产品经理、微软 AI Talent Program 架构师。拥有近二十年的主机游戏领域的媒体及社区产品经验，曾在 UCG Media、网易等公司工作，曾任 VGTIME 联合创始人、CEO。

资源与支持

本书由异步社区出品，社区（https://www.epubit.com/）将为你提供相关资源和后续服务。

配套资源

本书提供如下资源：

- 本书配套彩图。

要获得以上配套资源，请在异步社区本书页面中单击配套资源标签，跳转到下载界面，按提示进行操作即可。注意：为保证购书读者的权益，该操作会给出相关提示，要求输入提取码进行验证。

提交勘误

作者和编辑尽最大努力来确保书中内容的准确性，但难免会存在疏漏。欢迎广大读者将发现的问题反馈给我们，帮助我们提升图书的质量。

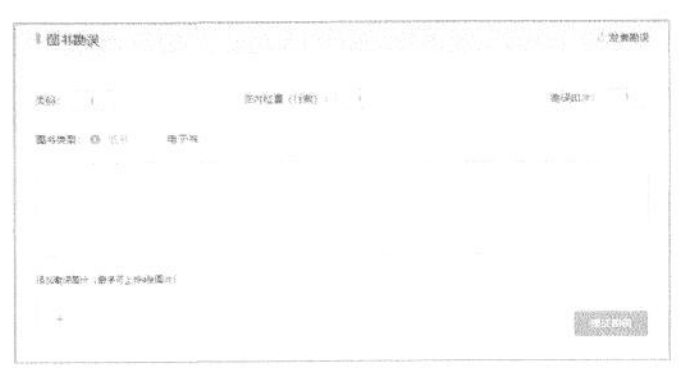

当你发现错误时，请登录异步社区，按书名搜索，进入本书页面，单击“发表勘误”标签，输入勘误信息，单击“提交勘误”按钮即可。本书的作者和编辑会对你提交的勘误进行审核，确认并接受后，你将获赠异步社区的100积分。积分可用于在异步社区兑换优惠券、样书或奖品。

扫码关注本书

扫描下方二维码，你将会在异步社区微信服务号中看到本书信息及相关的服务提示。

与我们联系

我们的联系邮箱是 contact@epubit.com.cn。

如果你对本书有任何疑问或建议，请你发邮件给我们，并请在邮件标题中注明本书书名，以便我们更高效地做出反馈。

如果你有兴趣出版图书、录制教学视频，或者参与图书翻译、技术审校等工作，可以发邮件给我们；有意出版图书的作者也可以到异步社区在线投稿（直接访问 www.epubit.com/contribute 即可）。

如果你所在的学校、培训机构或企业想批量购买本书或异步社区出版的其他图书，也可以发邮件给我们。

如果你在网上发现有针对异步社区出品图书的各种形式的盗版行为，包括对图书全部或部分内容的非授权传播，请你将怀疑有侵权行为的链接发邮件给我们。你的这一举动是对作者权益的保护，也是我们持续为你提供有价值内容的动力之源。

关于异步社区和异步图书

“异步社区”是人民邮电出版社旗下 IT 专业图书社区，致力于出版精品 IT 图书和相关学习产品，为作译者提供优质出版服务。异步社区创办于 2015 年 8 月，提供大量精品 IT 图书和电子书，以及高品质技术文章和视频课程。更多详情请访问异步社区官网 https://www.epubit.com。

“异步图书”是由异步社区编辑团队策划出版的精品 IT 专业图书的品牌，依托于人民邮电出版社近 30 年的计算机图书出版积累和专业编辑团队，相关图书在封面上印有异步图书的 LOGO。异步图书的出版领域包括软件开发、大数据、AI、测试、前端、网络技术等。

异步社区

微信服务号

目　录

第 1 章 认识人工智能

1.1 人工智能是什么

当谈到人工智能时，大家会想到什么呢？可能很多读者会想到斯皮尔伯格导演的一部电影——《人工智能》，它的英文名称是*Artificial Intelligence*，一般简称为AI。

在这部电影中，主人公虽然是个机器人，但它看起来是个小男孩，能说话，能走路，能跟人交流，能做很多复杂的事情。可能对大多数人来说，想象中的人工智能就应该是这样的。但对于现阶段的科技发展来说，我们还无法真正造出一个能够解决一系列复杂问题，像人类一样思考、行动和交流的机器。

我们目前说的人工智能是什么？其实很简单，如果机器能做一件事情，即便是很小的一件事，在做这件事的过程中，它能够以一种完全自主的方式，比如通过人类语言和机器交流就可以指挥机器，而不需要人类向机器输入常人难懂的指令代码，如果机器能够达到这种状态就可以称作人工智能。

从字面意思上直观理解，人工智能包含“人工”和“智能”两部分。“人工”指人工智能的对象是人造的，而不是生物。例如，饲养一条狗，然后训练它，让它学会买报纸，这也是让被训练对象去做一件事。在去买报纸的过程中，如果有人拦它，它会绕开走；如果卖报纸的人不在，它会在那里等。尽管对于这些情况，并不需要主人临时的指令，狗也可以独立地完成，但狗不是人造的，而是一个天然的生物，所以我们不能把它称为人工智能。

“智能”指人工智能的对象能够独立完成一件事。这件事可能很简单，但在完成的过程中依然会涉及很多步骤，这些步骤在不同的情况下可能会差别巨大。人工智能的对象需要自己去应对这些状况以完成任务，而非每次遇到状况就要人工现场干预，给它输入命令代码。例如，对于自动翻译机，我们希望当我们对着机器说出一句中文时，它能很快给出翻译的英文结果。如果当我们说出一句不常用的中文时，它无法给出翻译的英文结果，那它也不能称为智能。

从学术的角度看，人工智能这个概念最早是由英国学者阿兰·图灵（Alan Turing）于1950年提出的。他是一位计算机科学家，同时也是一位数学家和逻辑学家。第二次世界大战期间，他带领一支小团队帮助英国政府破译了德军的英格玛密码，电影《模拟游戏》（*The Imitation Game*）演绎的就是这段故事。

第二次世界大战结束后，阿兰·图灵开始全身心地投入计算机领域的研究中，并于1950年发表了一篇论文，题目是《计算机器与智能》（“Computing Machinery And Intelligence”）。在这篇论文中，他首次提出了人工智能的概念，当时这个概念的名称为“会思考的机器”（Thinking Machine）。“会思考的机器”首先需要拥有感知能力，它应该能看见、能听见，而且这里的“听见”和“看见”应该指它能看见和听见自然界的事物，而不仅仅是指令。例如，对于早期的计算机，给它输入一些指令，它也能够去做一些事，但它并不能感知自然界的事物。对于“会思考的机器”，它应该能够看见自然界的风景和图像，能够听见人说话的语音、唱的歌，或者一些其他响声。在听见和看见之后，它还应该能够明白它听见和看见的都是什么，也就是说，它能够理解这些事物的含义，这就是早期人工智能在被提出时所被认为应该拥有的能力，但这些能力直到今天仍未真正完全实现。为了判断一个机器是否实现了人工智能，阿兰·图灵提出了著名的“图灵测试”。

在图灵测试中，如果一个测试者无法分辨和他进行交互的是一个机器还是一个人，或者如果和测试者进行交互的是机器，而他却以为在跟一个人进行交互，那么就认为这个机器通过了图灵测试。实际上，到今天为止，并没有哪款产品在大范围内、广义上通过了图灵测试。人工智能近年来蓬勃发展，可能会让很多人误以为通过图灵测试指日可待，但实际上，目前已知的技术方案想要通过图灵测试仍有很长的路要走。

人工智能的概念虽然在1950年就被提出，但直到1956年，在达特茅斯会议上，来自全世界的众多计算机科学家、数学家共同讨论了人工智能的概念后，人工智能才正式诞生。如图1-1所示，人工智能从1955年正式诞生后，曾经历了两次高潮，每次高潮之后又跌落谷底，而今天，它正迈向一个新的高潮。

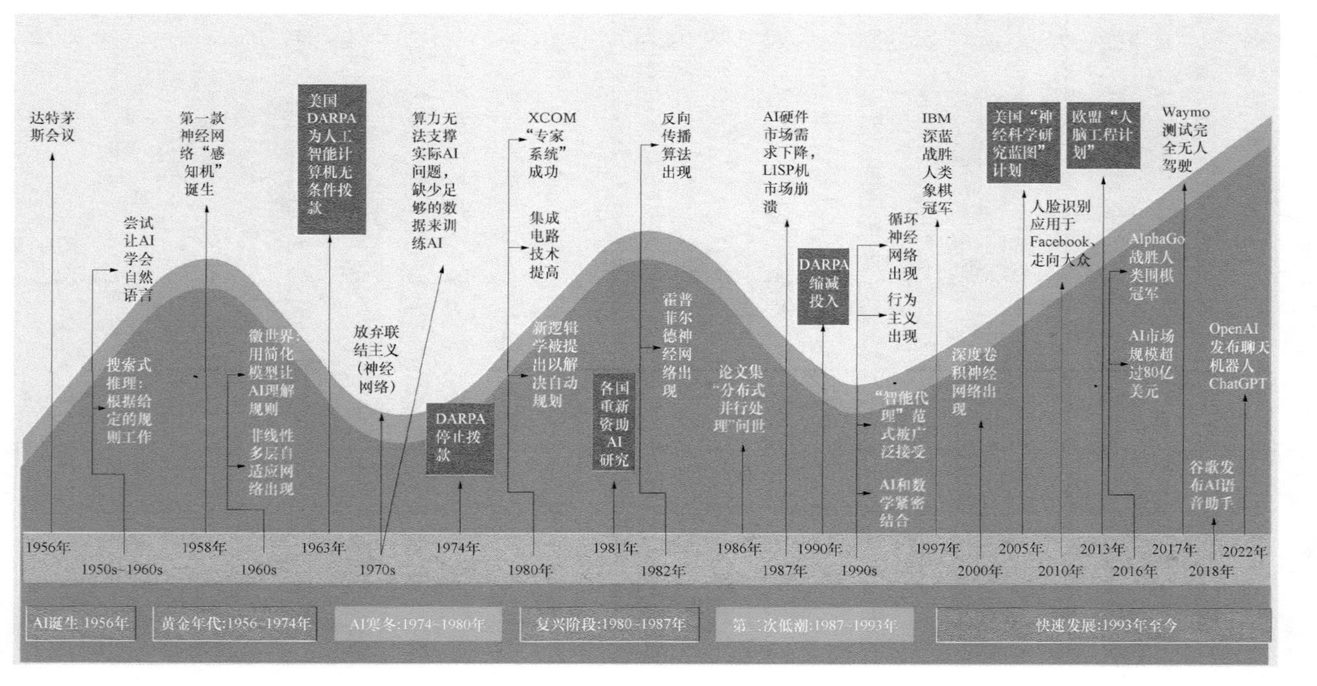

图1-1 人工智能发展历程

人工智能的发展起起落落，每次高潮的出现都是因为一个新技术的提出，如第一款神经网络——感知机的提出，把人工智能推向了第一个高潮；反向传播算法的提出，又把它推向了第二个高潮。人工智能发展过程中低谷的出现，大多是因为提出的新技术在实际应用中起到的作用有限。从今天来看，这很大程度上是受限于当时计算机的运算能力。就这样，人工智能在发展过程中不断地经历一个个低谷和高潮。

今天，我们在生活中可以看到很多应用了人工智能技术的产品，可以看出，这一次新的人工智能发展高潮和前两次有所不同，而且这一次人工智能发展高潮真正在工业界引爆了对人才的巨量需求。第三次人工智能发展高潮来临的基础是运算率的提升，标志性的事件是2006年加拿大多伦多大学的Geoffrey Hinton教授发表的一篇关于深度神经网络的论文“A fast learning algorithm for deep belief nets”。之前神经网络两度陷入低谷，但这次他把神经网络又推向了发展高潮。以前学术界均使用CPU进行运算。CPU作为通用运算器件可以处理很多复杂运算，但在处理简单运算时，其速度和运算力都受到了很大的限制。而2006年Geoffrey Hinton教授的论文发表以后，人们发现GPU也可以用来进行运算，而且比使用CPU更简单，在进行算法优化后，GPU的运算力可达CPU的数倍。GPU出现在硬件上，在运算力上使神经网络实现了前所未有的突破。后来又推出了TPU（Tensor Processing Unit，张量处理器），从运算力上讲，其效率略低于GPU，可达GPU的70%～80%，但它的能耗非常小，远远小于GPU。在能源越来越重要的今天，TPU的优势非常明显。综合以上，可以说人工智能第三次浪潮的出现与硬件的革新密不可分。

人工智能的发展需要非常完整的技术栈，包括基础层、技术层和应用层三个层次。

基础层包括硬件技术、云计算和大数据，这些基础性技术是人工智能发展的前提，正是这些技术的出现，才使得原来必须要靠巨型计算机才能完成的事情，现在可以将其分布在一些小型机或者普通服务器上来完成。以前只有拥有集群的大企业才有能力完成这些事情，但云计算出现之后，很多小企业和个人也可以从事这方面的研究和开发了。数据相当于人工智能的食物，人工智能学习出的所有结果实际上都是从数据中提取出来的，大数据的出现使我们有可能将人工智能“喂饱”。

人工智能的技术核心是算法。例如，20世纪60、70年代出现的早期人工智能系统都是基于规则的。在20世纪60年代有一款人工智能系统SHRDLU，这个系统能做的事情特别简单，就是按照人类的自然语言指令，在一个封闭的有限空间中移动一些积木块，如把红色立方体上的绿色锥体挪到旁边白色的盒子中。它是怎么做到的呢？实际上，它把系统由什么颜色、什么形状的积木块组成，什么是移动，什么是左右，什么是上下等都编制成了规则。当我们命令它时，它会把命令先拆解成规则，然后再组合起来去完成这一系列的操作。系统的所有规则都由科学家编写而成，所以如果要增加一个积木块，那么这个积木块本身的规则，以及这个积木块和其他任何一个原有积木块之间作用的规则也要增加，这是一个非常烦琐的事情。一旦遇到新的情况，这种系统就需要人工去添加新的规则，所以这些规则的适应性非常差，导致这种系统没有什么实践的可能性。

因此，人们开始尝试让机器自己去学习规则。现在的人工智能的主要技术是机器学习和深度学习，它们立足于让机器自己去学习规则，而且能够根据不同的情况学到不同的规则，机器遇到的情况越多，学到的规则越多，只需要把它放到不同的环境中，让它自己去和这些环境交互即可。现在的人工智能，既有基于规则的部分，也有基于机器学习的部分。因为一个真实的应用系统，总需要有一些非常明晰、非常细节化的绝对不能突破的规则，这类规则由人工设定，而其他的一些规则可以靠机器学习模型来实践。无论在学术界还是工业界，机器学习和深度学习都是人工智能的核心和热点技术。从学科发展的角度来说，深度学习其实是机器学习的一部分，但由于深度学习的实现效果出色，人们逐渐加强了对深度学习的投入，目前它已上升到和机器学习并列的位置。图1-2展示了人工智能、机器学习和深度学习的包含关系。

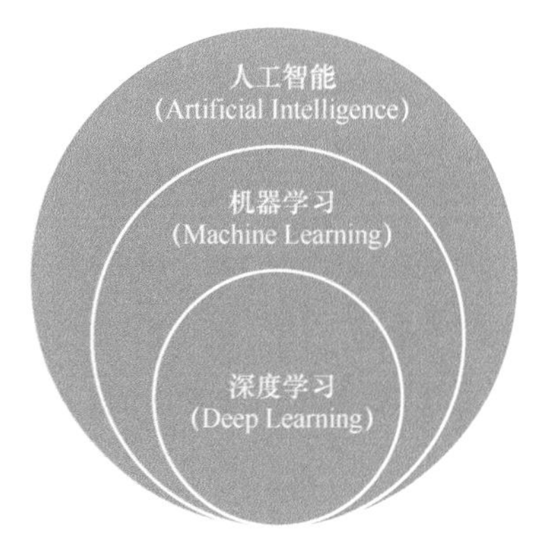

图1-2　人工智能、机器学习和深度学习的包含关系

人工智能的应用层用于将技术产品化以供人们使用。目前，人工智能在自动驾驶、翻译、医疗诊断、游戏、个人助理、艺术、图像和语言识别、金融、电商、智能制造、智慧城市等领域都有着广泛的应用。

互联网方面，如必应（Bing）搜索引擎就是一个典型的互联网服务，其中很多功能模块实际使用的就是AI推荐系统，如广告点击率的预测、搜索排序、语音识别、机器翻译、图像检索、知识图谱等。

金融方面，量化相关的很多方案都和机器学习相关，如Microsoft Research的Qlib就是一个面向人工智能的量化投资平台。另外，反欺诈、智能客服等领域也会用到人工智能。

自动驾驶方面，一类是整体解决方案，如特斯拉的AutoPilot系统就是典型的人工智能综合应用案例；另一类是细分方向的解决方案，如转向预测，速度预测，道路、交规标志和障碍物的识别等单项应用。

医疗方面，早期的代表是IBM的Watson，其内部集成了很多基础的AI模块，如认知计算、影像识别、病例诊断等。目前，AI还扩展到了基因表达预测、药物研发等领域。

IT基础架构和智能运维方面，典型代表有用于异常检测的Microsoft DeepTraLog，用于虚拟机故障预测的Microsoft Narya，用于磁盘故障预测的Microsoft NTAM等。

科学计算方面，数学、物理、化学、生物都有一些应用场景。例如生物领域利用AI预测蛋白质折叠，数学领域利用AI训练验证器等。

制造业方面，AI可以用于各种瑕疵检测、故障识别与预测、智能机械臂等。

教育方面，很多公司把AI应用于教学领域，如智能拍照搜题，让AI根据不同学生的实际学习情况安排对应的课程和老师，还有一些早教机器人可以成为孩子的玩具，寓教于乐。

艺术方面，AI在这个领域的应用见仁见智。今天的AI已经可以在音乐、绘画和写作方面从事带有创作性质的工作。例如，DALL-E 2、Midjourney、Stable Diffusion等模型可以根据用户输入的文字描述自动生成图像；GPT系列模型，尤其是ChatGPT能够非常顺畅地与人类用户无话不谈；MuseNet等模型则可以将灵感展现为完整的乐曲，降低音乐创作的门槛。不过，目前AI独立创作出的这些文艺作品还是对已有内容的融合与重组，和人类的原创还有一定差距。而且，真正的艺术背后是人的经历和思考，AI独立创作出的文艺作品背后并没有任何思想支撑，所以也很难定义其价值。

游戏方面，AI在电子游戏领域的应用已经非常广泛，绝大部分游戏中都有AI控制的“对手”或“杂兵”与玩家抗衡，甚至游戏开发领域的AI辅助开发也在迅速发展中。传统桌游方面，我们也看到了AlphaGo在围棋领域的辉煌战绩，这对围棋在全世界的普及也起到了积极的作用。

智慧城市方面，AI可以用来预测空气污染物和有害物质的排放情况，分析和预测水质，规划出租车路径等，且在这些领域都已经有了实际部署。

未来，人工智能还会在更多领域帮助人类提升工作效率，摆脱重复性的劳动。

1.2 人工智能对人类的影响

人工智能的发展对人类有什么影响呢？我们可以结合图1-1所示的人工智能发展历程来思考。在每一个人工智能的发展高峰，都有人说“人类要毁灭了”，但是到了人工智能的发展低谷，又有人说“人工智能是骗子”。包括一些知名人士在内，总有人在不断提醒大家要警惕人工智能的影响，如埃隆·马斯克；还有人担心人工智能会在某些工作岗位上完全取代人类，BBC和纽约时报等知名媒体都曾经对这个话题展开过讨论，甚至还有一些研究人员给出清单，预测什么行业在什么年代会被人工智能所取代、有多大比例被取代等。

现阶段的人工智能和人类相比到底是什么水平？下面举例说明：图1-3（a）中的鸟是鸵鸟，图1-3（b）和图1-3（c）中只有一张图中是鸵鸟，另一张图中是鸸鹋，我相信读者一下就能分辨出来图1-3（b）中的鸟是鸵鸟，即使它们不是同一只鸵鸟，而且图片背景和一些具体的细节也不一样。站在人类的角度，区分生物种类是很简单的一件事。但这么简单的一个问题，如果让机器学习去完成，至少需要几万个训练样本才有可能分辨出来，而且就算是训练几万个样本得出的结果，也很可能远逊于人类，也许人为替换背景、图片颜色或者亮度后，机器学习就很难识别出正确的结果了。

（a）参考图片

（b）样本1

（c）样本2

图1-3 鸵鸟和鸸鹋

现在的深度学习，对于局部、短期的问题的理解还能胜任，例如让机器学习进行语音识别，如果只识别一句话，结果可能很好，但是如果让它去完成长期的、全局的事情，例如做会议记录，还是存在很大的障碍。再如，更长期的股票交易、外汇交易这类金融产品的趋势预测，无论是机器学习还是深度学习，其结果完全没有办法跟人类所得结果相提并论。

而且人脑相对于机器学习所需要的样本量非常少。还是以鸵鸟为例，我们只需要一张图片就能掌握很多抽象的东西，如鸵鸟的脖子又细又长，而且没有羽毛，鸸鹋却完全不同。但是如果让机器学习去分辨，它可能需要把几万张图片中的每一个像素都提取成特征，再进行大量运算才能得出结果，这个过程需要的样本和运算能力远远超过人类。

机器学习虽然能完成很多事情，但是归根结底都属于概率运算范畴。机器学习并不具备真正的理解能力，看到图片里的鸸鹋，机器并不会将其作为鸟类去欣赏，因为机器并不能理解这个东西是什么，对它来说，所有的事物仅仅是一堆数字及其对应的概率而已。表1–1所示为深度学习和人脑的对比。

表1–1 深度学习和人脑的对比

对比维度	深度学习	人脑
处理问题的范围	局部、短期	全局、长期
所需训练样本	巨量	少量
处理方式	概率运算	理解

随着深度学习一直向前发展，未来人工智能是否可以和人类相提并论呢?

先来看看人工智能发展的两个阶段，即弱人工智能阶段和强人工智能阶段。所谓弱人工智能是指人工智能可以处理某一特定领域内的具体问题，在特定领域中进行决策，并且产生一些应对的行为。例如，假设未来语音识别发展到完全可以做一名速记员，那它也仅仅是在速记领域可以达到一个人的水平，并不能解决其他的问题，如同时进行翻译，因为程序不像受过专业训练的人一样，既会速记也会翻译，还可以去学别的东西。这种特定领域内的人工智能就是弱人工智能。强人工智能指的是通用的人工智能，也就是程序或者机器可以在各个领域中进行认知、感觉、行动和学习，并能做出决策。它既可以是一个好的速记员，也可以是一个好的翻译，还能通过学习音乐成为一个优秀的作曲家。图 1-4 列出了强、弱人工智能的对比。

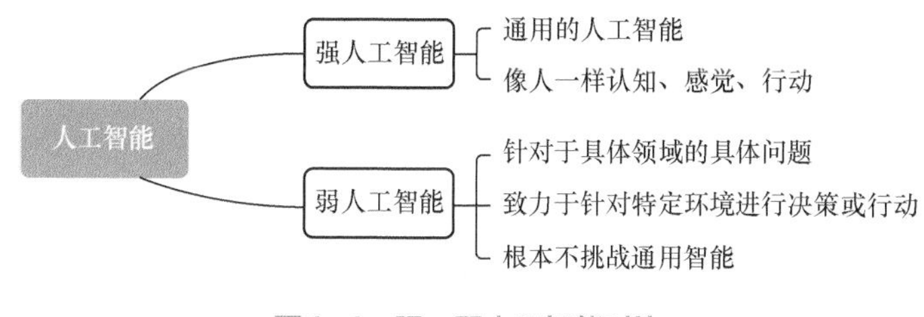

图1-4 强、弱人工智能对比

显然我们现在连弱人工智能都没有完全实现。科学技术日新月异，假设有一天我们实现了弱人工智能甚至强人工智能，那么人脑和人工智能又该作何对比呢？下面分别将人脑与强、弱人工智能进行对比。

先来对比人脑与弱人工智能。弱人工智能虽然可以在一个具体的领域里进行学习、行动和决策，但这一切仍然建立在计算的意义上，并不能真正理解事物内部的含义，也看不到整个世界。这只是在一个狭小领域内表现出来的智能，并不是真实意义上的智能。特别是对于人类的情感情绪，弱人工智能根本不可能有人类的体会，即使现在有很多人在做情感识别和情绪识别等方面的研究工作，但也只不过是把情绪和情感转换成一个标签而已，而并非让机器真正变得有感情。因此弱人工智能显然不可能跟人脑进行对决，因为人类的学习能力是全方位的，弱人工智能只能在具体的某个领域里和人类一较高下。

假设到了强人工智能的时代，真的存在一个程序，它自己能在所有的领域中学习、行动和决策，那又会怎样？到那个时候，可能普通人无论是学习的速度还是深度都已无法和强人工智能相比，我们还能说人工智能无法跟人脑对决吗？这里需要提到“人类智慧”这个词，它是人类集体或者所有人类中某一个领域的最高智慧。如果真的到了强人工智能阶段，在创造力上，人工智能还是无法和人类的最高智慧进行对决，因为真正的创造力是从无到有，可能人工智能有一些形式上的微小创新，或者是叠加一些既有事物创造出的新事物，但是真正的原创，真正发明某种东西，或者发现新的规律，是人类所独有的能力，毕竟人工智能学习到的一切都是人类已经创造出来的知识和成果。因此，人工智能并不具备凭借某种灵感创造出新事物的能力。

上面所述是强人工智能和人类最高智慧的对比，但即便是和普通人比较，在美感的体会、情绪的感知与抚慰等方面，人工智能仍然不能和普通人相比。也许人工智能可以通过数字化来描绘一种美，或者提取出关于美的数学模型，但是真正去感知美，去获得那种愉悦的感受，还是不太可能。

虽然人类有着属于自己独到的地方，但是人工智能的发展已经对我们的生活产生了影响，而且将来会产生更大的影响。作为人类，我们在未来要学会和人工智能共存，让其成为改变我们工作的一种形式。

提到改变工作的方式，最早期的人类是和工具一起工作，那个时候的工具大多是一些手持工具，原始且落后；在工业革命之后，人类开始和机器一起工作，那时的机器在力量、工作速度和强度上已远超人类，但是无法代替人类；在未来的人工智能时代，我们会和机器人一起工作，极大地改变我们的生活。

根据上面人类相对于强人工智能的优势，可以发现机器在三个方面没办法和人类竞争：首先，作为原创者的人类，在任何时代都是无可替代的；其次，即便不是原创者，人类作为美感和情感的承受者，也有机器所不能取代的成分；最后，假设一个普通人在前面两点上都无法与机器抗衡，至少还可以避开机器。人工智能要从弱到强发展，初期也只能在一个个领域中追赶人类智慧，假设在某一个领域人类智慧真的被追上了，我们至少还可以换一个领域工作，所以我们应成为一名终身学习者，保持自己随时可以学习新知识和新技能的状态，这是人类天然的优势。

相对于工作方式的改变，人工智能引起的人类教育方式的改变对人类的影响会更大，呈现的时效也会更久。在几十年前，学生在学校中学习到的主要是一些非常具体的知识，以记忆为主，但是在人工智能时代，单纯地记忆知识恐怕很难比得过机器，而且人类的脑容量终究是有限的，记忆速度也是有限的，这时我们需要从一个新的角度进行学习。

教育方式的改变主要体现在三个方面。首先，是学习内容的转变。未来学习一个事物，我们需要从三个方面去学习，一是它是如何运作的；二是它为什么会影响我们；三是如果想对它产生影响，或者想消除它的影响，我们需要整合哪些资源以及向谁求助。其次，随着学习内容的变化，相应的教学方式也会发生变化。现在学校的教学方式已经在慢慢地变化，如在线教育的出现，虽然在目前的在线教育中，互联网只是提供一个平台，两端的学生和教师还都是人类，但或许将来有一天教师就会变成人工智能，而不再是人类。因此随之就会有AI“个人导师”的出现，它可以一对一地进行教学定制，包括学生能接受到什么程度，需要学习什么内容，以及如何来指导学生进行练习，从而让所有人都可以以最高效的方式进行学习，这都是未来值得我们期待的变化。

人工智能的出现，对于现行的法律法规和道德观念的影响和冲击，也是一个很有争议的话题。例如，自动驾驶带来的车祸问题，其责任应该由谁来承担，产品的购买者、制造者，还是核心的算法工程师？又如，人类自身的数据是人工智能最直接的一类数据来源，而人工智能的大量使用会产生大量的用户隐私被盗用或滥用的问题，到那时我们该如何保护自己的隐私？而如果过于强调对隐私的保护，也可能会影响人工智能的发展，这之间的矛盾又该如何协调？这些都是我们需要面对的新难题，但目前对于类似话题的讨论并没有定论，我们还需要在发展中探索答案。

1.3 人工智能会让程序员失业吗

当人工智能逐渐强大，大家开始担心：人工智能下一步又要在哪个领域“干掉”人类？AI会让人类程序员失业吗？对此问题持肯定态度的人并不在少数。

例如，美国橡树岭国家实验室（Oak Ridge National Laboratory，ORNL）在2017年发布的论文《人机混编的代码意味着什么？人类2040年还需要亲自编写代码吗？》（“Will humans even write code in 2040 and what would that mean for extreme heterogeneity in computing?”）中表示，到了2040年，大多数的程序代码将由机器生成。

2040年距今天还有些距离，至少当下，AI没有让程序员失业，而是让程序员更贵了。在《AI时代，为什么程序员这么贵》一文中，CSDN总裁蒋涛认为，AI的发展不仅不会使程序员消亡，反而使得各行各业比现在更加需要程序员——程序员的求职范围不再局限于软件或互联网行业，社会总需求激增，人才自然也就更贵了。

当前的势头确实如此，不过，再过5～10年，程序员还会如今日行情吗？笔者认为，在不久的将来，编程将从职业技能逐步蜕变为职场通用技能。

我们可以类比“识字”这个技能来看。百十年前，大多数人还不识字。当时，识字无疑是一种职业技能，具备了这一技能，就可以获得一个比大多数人工作环境更优越、报酬也更高的职位。但到了今天，识字率已经逼近100%，仅仅“认识字”，也只能从事低端工作。

未来，编程很可能成为人人必备的一项技能。职场中的一员，除了要具备听说读写本国语言的能力外，还得能够读程序、写代码——即使一时无法覆盖全员，至少是朝着这个方向发展。而职业编程人员将越来越少。

从语言特征（词汇、语法等）的角度讲，最复杂的编程语言也远比最简单的自然语言简单得多。我们学习各种自然语言是为了日常生活与人交流、收取信息，学习编程语言又是为什么呢？我们可以用编程语言描述事物、概念，以及它们之间的相互关系和运行方式，将大千世界转化为计算机能够理解的电信号，驱动硅晶金属构造的部件去完成我们想要完成的任务。

编程的核心在于通过各种各样的算法去实现具体的业务逻辑，把繁杂的过程抽象化、可计算化。从纯粹软件的角度讲，图灵奖获得者尼古拉斯·沃斯曾说过“Algorithm + Data Structures = Programs”，即“算法 + 数据结构 = 程序”。

受过计算机科班教育的读者一定上过一门课——数据结构与算法，这门课是计算机科学的基础。最简单的算法有排序、查找等，进阶的算法有动态规划、分治、回溯等，这些算法都是几代计算机科学家从解决现实问题中提取出的解决方案——这些才是编程的核心。

今天的程序员学习编程，首先了解编程语言的语法特征，其次掌握编译或解释的过程，以及编译器/解释器的性能、调试方法、工具等，然后配合算法，实现业务逻辑，这样几乎就可以用计算机做任意的事情了。

但把目光放长远些，只会这些还远远不够。

虽然目前基础算法和机器学习还是泾渭分明的两部分内容，但我们认为未来这两部分终将合流。

随着落地点和应用越来越多，机器学习必将融入常规编程之中。反过来，能够让越来越多的人在编程中运用机器学习的成果，也是计算机技术发展的结果。虽然人类对于用数值表达事物，用运算推演事物联系的研究已经持续了数千年，但在没有计算机的年代，稍微复杂些的数值计算就需要数学家、统计学家的介入，普通人难以胜任。后来，有了Excel之类的工具，一般人也可以胜任常用的数据统计工作了。

机器学习也是一样的道理，大量工具、框架的涌现，使得运用算法处理数据、训练模型的过程越来越简单高效。那些曾经高高在上的机器学习模型变得触手可及，只要编写几行代码，就能拿来使用了。这种便捷使得所有具备编程经验的人都可以轻松上手机器学习。

工具虽多，但要用对地方，还得掌握其基本原理。通过使用统计工具，我们可以很方便地计算均值、方差、中位数等指标，但要让计算结果有用，总要先明确这些指标的定义、计算公式和物理意义。同理，在机器学习领域，我们也有若干历史悠久的经典模型，它们从实践中来，经历了千锤百炼，在数学层面被严格证明为有效。那么，学习这些经典模型的模型函数、目标函数，从模型函数到目标函数的运算过程，各个函数相应的物理意义，最优的方法……就成了使用它们的必要前提。掌握了这些模型，再与特征工程结合，就可以用来支持现实业务了。

计算机技术飞速发展，各种工具、框架、语言日新月异，但是蕴含在机器学习中的原理和公式推导却是稳定的，经得起时间考验。我们学习机器学习，不仅是为了胜任AI工程师的岗位，也是为了掌握一种通识技能。未来机器学习极有可能会像现在的四则运算一样成为大众必备的基础能力。

另外，学习机器学习也是一种对思维的训练。用数值表达现实事物，用运算描述任务目标，再通过算法处理数据，找到达到目标的最优路径——这种思维的形成过程，远比学会模型本身更为难得。经过这种思考训练内化出的思维能力，无疑是能相伴学习者终身的助力，而这种能力也很难被机器或低端劳动所替代。

第 2 章 人工智能技术的原理与应用

机器学习、深度学习和大数据是人工智能技术的重要组成部分，本章将依次对其展开介绍。读者如果遇到不熟悉的概念或公式推导过程，可以先跳过它们，等到将来真正学习人工智能技术的时候，这些都是比较基础的知识，很快就可以掌握。

2.1 机器学习

2.1.1 机器学习的基本原理

我们先来回顾一下人类自己的学习过程。举个例子，当我们听到有人跟我们说“苹果”这个词时，我们一般会想到那个红红的、圆圆的水果，酸酸甜甜很好吃，也就是说会有一个具体的事物出现在我们脑中，我们是通过具体事物来认识各式各样的概念。但这个事物并不是孤立的，它会和其他很多事物产生关联。例如当我们听到“苹果”这个词，我们可能还会想到它是水果中的一种，同时香蕉、橘子、樱桃、草莓也都是水果。假如想在超市买苹果，那么当我看到橘子时，就知道苹果应该会在附近，因为它和橘子是同一类事物，都是水果。这就是了解事物之间的关联能够帮我们解决问题。另外，我们还可能会想到苹果派，一种馅料是苹果的点心，此时一种点心和一种水果之间就产生了关联。实际上，人脑中有一个非常复杂的知识图谱，其中的每一个节点都是一个概念，而这个概念相应地又能够映射成某一种事物。不同事物之间存在纷繁复杂的关系，人类就是靠拓展自己的知识图谱来学习世界的。

那么机器又是怎么学习的呢？对机器来说，它不可能像人类那样去具象化某种事物，机器所能做的就是把所有的概念都转换成数字，把这些概念之间的关系转变成运算，以此来体现这个世界上的万事万物。当我们说数字的时候，可能本能地想到的是标量（Scalar），如1、2、3这样的自然数，以及2.7、5.2这样的小数。但机器学习中最常用来表示事物的是向量（Vector），有行向量和列向量两种写法。此外，还有矩阵（Matrix），它是多行多列的。标量、向量和矩阵的格式如图2-1所示。

标量（Scalar）	向量（Vector）	矩阵（Matrix）
整数：24	行向量 $\begin{bmatrix} 2 & -8 & 7 \end{bmatrix}$	行×列 $\begin{bmatrix} 1 & 2 & 5 \\ -3 & 7 & -9 \end{bmatrix}$
小数：2.4	列向量 $\begin{bmatrix} 2 \\ -8 \\ 7 \end{bmatrix}$	行×列 $\begin{bmatrix} -6 & 2 \\ 3 & -8 \\ -5 & 7 \end{bmatrix}$

图2-1 标量、向量和矩阵的格式

机器学习就是把现实事物转换成向量或矩阵，然后再对它们进行运算，得出结果，用这个结果来指导我们解决问题。

虽然现在机器学习和深度学习是两个并列的学科分支，但实际上它们具有共同的三要素，分别是数据、模型和算法。

使用算法对数据进行运算，通过运算结果得到模型，然后运用这个模型来预测新的结果——这就是机器学习模型的用处，也是我们应用机器学习要达到的目的。整个流程包括训练、测试和预测三个过程。下面通过一个具体的示例来介绍这三个要素及它们间的协作关系。

图2-2所示为某公司的员工信息表，表中每一行对应一位员工，2～6列对应员工的属性，最后一列对应员工的薪资，这就是一份数据，其中每一位员工就是一个样本。从这份数据我们可以看出，它一共有11个样本，每个样本有5个特征，以及1个标签——薪资。

	职位	技能	国籍	城市	经验	薪资
员工1					10	待定
员工2					12	待定
员工3					15	待定
…					…	…
员工11					22	待定

图2-2 员工数据

接下来我们用一个模型来表示这些样本的特征和标签之间的关系。

对于上面的11个样本来说，虽然它们有5个特征，但其中4个特征是完全一样的，即职位、技能、国籍和城市，因此通过这4个特征并不能区分这些样本。这些样本唯一不同的是“经验”这个特征，为简单起见，把该有效特征提取出来。假设X代表经验，Y代表薪资，若要寻找X和Y之间的关系，可以把X和Y对应的点在二维坐标系中表示出来，如图2–3所示。

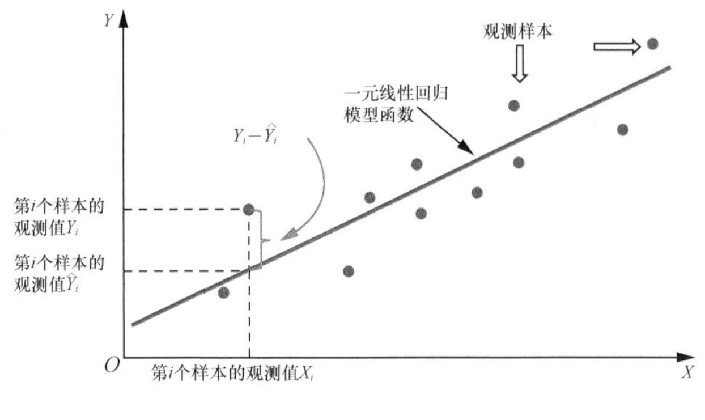

图2–3 目标函数

可以看到这些点好像在一条直线上，那么不妨假设Y=A+BX。这个假设确定了X和Y的关系模型的形式，即线性方程，于是就得到了模型函数——$F(X)$=A+BX。有了模型后，通过样本数据就可以求解出模型中的参数A和B的值了。

一旦求出A和B，如果得到一个新的X，就可以通过这个模型函数来进行预测。例如，公司来了一个经验值为15的员工，就可以把X=15代入模型函数，得到Y，即新员工对应的薪资，这就是预测的过程。

我们现在有了模型和数据，接下来用算法对数据进行运算，从而求取模型函数。

首先看看我们想要的结果是什么样的。如图2–3所示，我们有11个数据点，并且期望就算模型函数这条直线不通过其中任何一个数据点，但是它应该和所有数据点都离得尽量近，而不是只通过其中的一个或两个数据点，然后离其他的数据点都很远。可以用一个目标函数来表达这个期望，如下所示，其中m为样本个数。

$$J(a,b)=\frac{1}{m}\sum_{i=1}^{m}(F_{a,b}(x_i)-y_i)^2=\frac{1}{m}\sum_{i=1}^{m}(a+bx_i-y_i)^2$$

目标函数$J(a,b)$是关于a和b的函数，它将X代入模型得到预测值$F(X)$，然后对预测值$F(X)$和实际值Y的差值求平方，再把所有样本的差值平方相加后除以样本数，最终得到预测值与实际值的差值平方的平均值，即预测值与实际值之间的损失（Loss）函数。既然希望目标函数$J(a,b)$尽量小，那么假设有一条直线能够正好通过所有数据点，使得目标函数为零。

一般情况下，目标函数不太可能为零，所以需要尽量求取目标函数的最小值。求取目标函数最小值的过程，就是优化算法。机器学习中最常用的优化算法是梯度下降算法，下面通过一个示例进行介绍。

假设有一个一元函数，由于其自变量是一维的，则该函数可以画在二维空间中，如图2-4所示，其中橙色的曲线代表该函数。我们可以从曲线上的任意一个点开始，如从右侧的黑点开始沿该函数一直往下走，直到没法再往下为止，这时我们就认为找到了该函数的最小值，即图2-4中的红点。

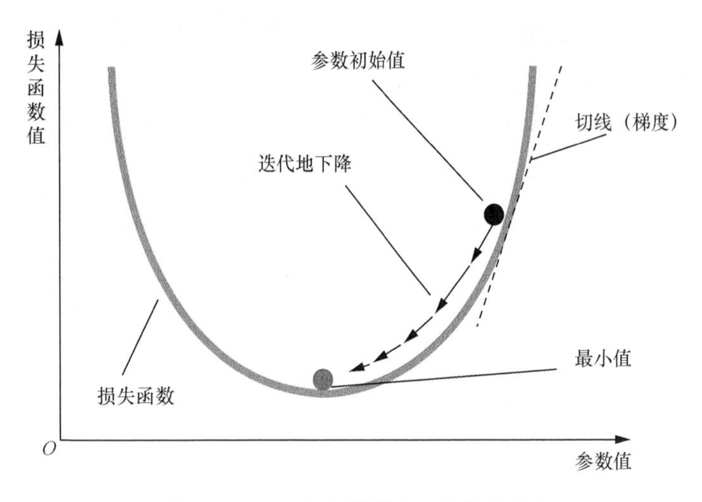

图2-4 一元函数的梯度下降算法示意

从数学的角度来说，沿着函数一直往下走就是在初始点位置对该函数做切线（一个函数在某一点上的切线就是对它所在的那一点求导），然后沿着切线下降的方向往下走，这样就可以逐渐走到该函数的最低点。

但我们要计算的$J(a,b)$是二元的，因此需要画在三维空间中，如图2-5所示。直观来看，二元函数的损失函数图像就像一个碗，如果开始时我们把一个球放在“碗壁”上的任意一个位置，它会沿着“碗壁”一点一点往下降，直到“碗底”，这里就是损失函数的最小值。

接下来用数学方法求二元损失函数的最小值。先给a和b随机设置一个初始值a_0和b_0，让它们沿着初始值下降，每一次前进一小步，同时通过求导得到前进的方向。

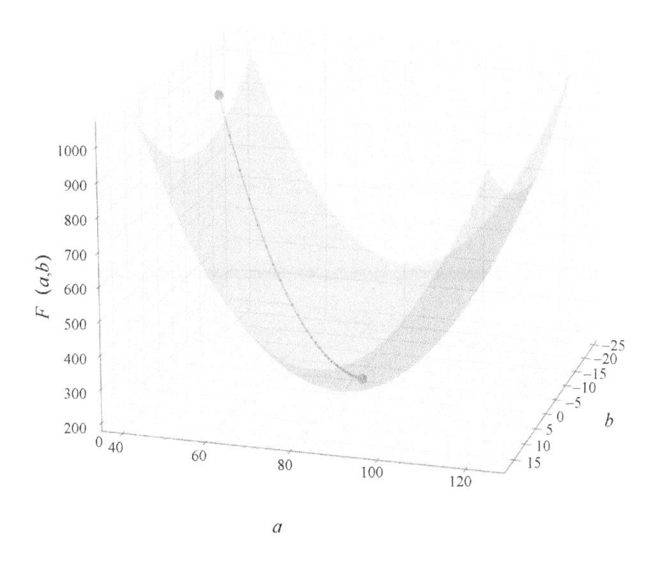

图2-5 二元函数的梯度下降算法示意

根据这个例子，再来回顾一下本节开头介绍的机器学习的三要素——数据、模型和算法。数据是员工信息表中的经验、薪资，模型是线性方程Y=A+BX，算法是梯度下降算法。利用梯度下降算法来运算这些数据从而获得模型参数的过程称作训练。当得到Y=A+BX之后，对新的X求解Y的过程称作预测。假设通过数据训练得到了一个评估薪资的模型，就可以把它交给HR，当公司有新员工入职时，HR直接输入经验值等数据然后运行模型就可以轻松得到适合该员工的薪资。

三要素中最核心的是模型，因为无论算法还是数据，其目的都是获得模型。读者在学习机器学习时，建议以模型为驱动，从模型函数入手，推导其目标函数，然后学习模型函数的求解过程，通过该求解过程来学习算法，最后辅以数据处理、特征提取等知识进行更深的了解。

2.1.2 机器学习的分类和应用

机器学习模型可以分为有监督学习模型和无监督学习模型。上一节介绍的模型就是有监督学习模型，它有一个标签（label）。无监督学习模型则是指其训练数据是没有标签的。聚类就是一种典型的无监督学习模型。聚类是按照样本本身的一些性质，把特征相同的那些样本聚集在一起。实际上，在聚集完成后，我们不知道都是什么类，而且在聚集之初，我们也完全不知道聚集的结果是什么样子。有监督学习模型可以分成两个部分，一个是分类模型，另一个是回归模型。这两个模型的区别主要在于预测结果是连续的还是离散的。回归模型的输出结果是一个连续值，也许是3250，也许是2780，总而言之是一个范围内的任意值。而分类模型的预测结果是几个有限的离散值中的一个，如垃圾邮件过滤器就是一个分类模型。每收到一封邮件后，垃圾邮件过滤器就会给该邮件打一个标签，即要么是垃圾邮件，要么不是垃圾邮件，不可能是第三种。所以垃圾邮件过滤器的输出是有限个。

另外，线性回归、逻辑回归、决策树、支持向量机、朴素贝叶斯等属于有监督模型的范畴；而k均值聚类和谱聚类等则是无监督模型。当然机器学习模型还有很多，这里只是举几个例子。

机器学习的应用领域非常广泛。例如，在金融领域有一个专有名词Fintech，指的是将以前很多人工的工作通过机器学习模型来自动化完成，常用于风控、风险评估、贷款评估等。这些工作现在在北美已经大规模采用机器学习模型来做了，国内的普及度相对较低，但是近些年来国内金融业发展迅速，未来自动化的工作会越来越多。除此之外，数据挖掘、电商的各种推荐系统（包括用户画像），还有工业界的异常检测等，都是机器学习的重要应用领域。

2.2 深度学习

2.2.1 深度学习的基本原理

在介绍深度学习之前，需要先了解深度神经网络（Deep Neural Network，DNN）的概念。实际上当今的深度学习，可以看作是利用深度神经网络来进行模型训练。深度神经网络是神经网络的一种延续，而神经网络是机器学习模型中的一种。

如果在几十年前介绍机器学习，神经网络会作为其中的一个模型出现，只不过后期神经网络逐渐独立出来，尤其在发展成深度神经网络以后，发挥了巨大的威力，因此逐渐形成了深度学习这个独立分支。神经网络模型与其他模型有所不同。其他大多数模型都直接从数学演变而来，如线性回归模型最早由高斯提出，用于进行人口统计，马尔萨斯人口论中曾经引述过这种模型，后来对其进行了一定的修正，逐渐形成了现在的逻辑回归模型。而神经网络模型是由生物界提出的，通过模仿生物神经网络进行研究和发展。

神经网络模型的发展经历了几度沉浮，图2-6所示为神经网络的发展史。它在20世纪40年代就已经被提出，20世纪

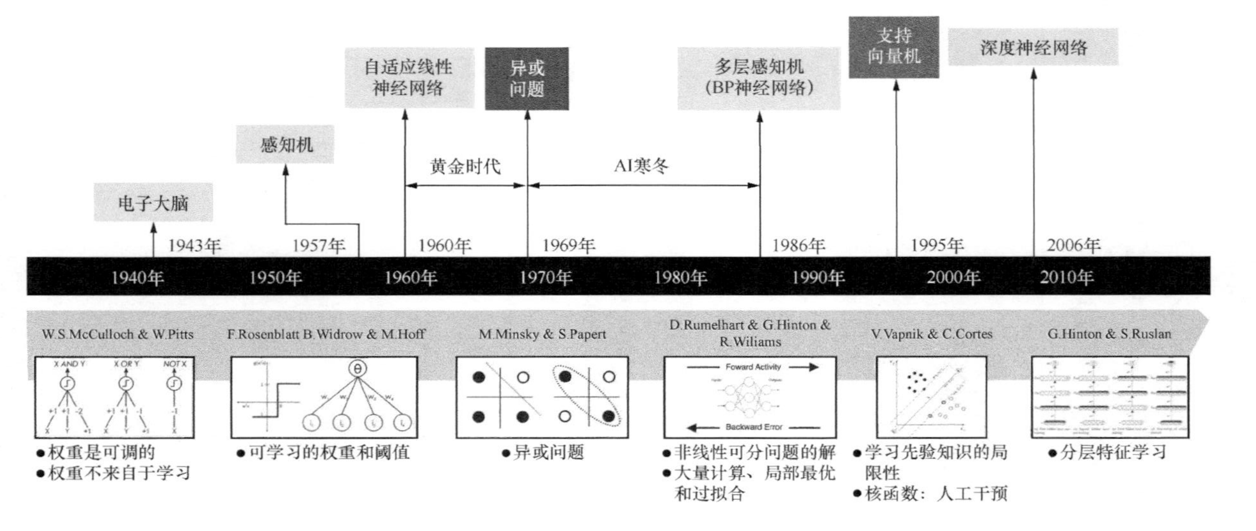
电子大脑
感知机
自适应线性
神经网络
异或
问题
多层感知机
(BP神经网络)
支持
向量机
深度神经网络
黄金时代
AI寒冬
1943年
1957年
1960年
1969年
1986年
1995年
2006年
1940年
1950年
1960年
1970年
1980年
1990年
2000年
2010年
W.S.McCulloch & W.Pitts
F.Rosenblatt B.Widrow & M.Hoff
M.Minsky & S.Papert
D.Rumelhart & G.Hinton &
R.Wiliams
V.Vapnik & C.Cortes
G.Hinton & S.Ruslan
X AND Y
X OR Y
NOT X
Foward Activity
Backward Error
●权重是可调的
●权重不来自于学习
●可学习的权重和阈值
●异或问题
●非线性可分问题的解
●大量计算、局部最优和过拟合
●学习先验知识的局限性
●核函数：人工干预
●分层特征学习
图2-6 神经网络发展史

80年代达到一次高峰，但是很快又归于平静。直到2006年，多伦多大学的Hinton教授发表了关于深度神经网络的论文“A fast learning algorithm for deep belief nets”，结合当时的硬件发展将GPU应用于深度学习的训练当中。这是在理论研究与硬件设备两个条件都发展成熟后，神经网络在深度学习领域的又一次大爆发。

神经网络由一个个神经元组成，这些神经元之间相互连接，形成了一个网络，这就是其名称的由来。图2-7就是一个神经网络，由于神经网络中的输入层一般不计入总层数，所以该神经网络一共有两层，在这两层中，一共有6个神经元，中间的隐藏层有4个神经元，最后的输出层有2个神经元，神经元之间相互有方向地进行全连接。这就是神经网络的一种非常典型的结构，也是很传统的一种结构。

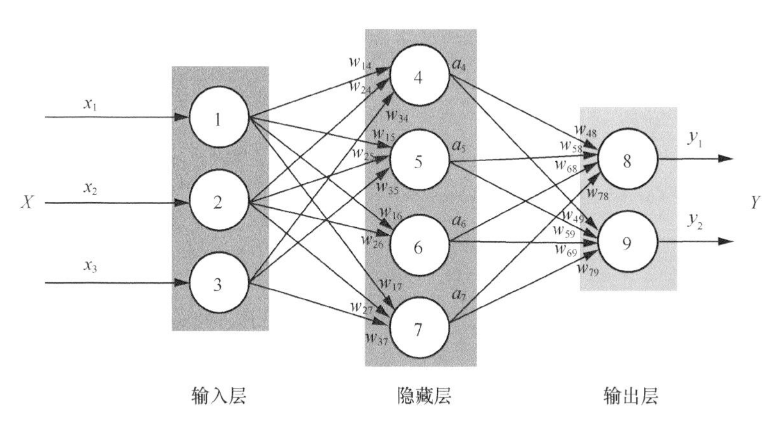

图2-7 神经网络示例

如图2-8所示，一个神经网络由神经元和网络结构定义，不同神经网络的差异在于两点：神经元的不同和网络结构的不同，其中网络结构包括层数、每层的神经元个数，以及是否是全连接等。

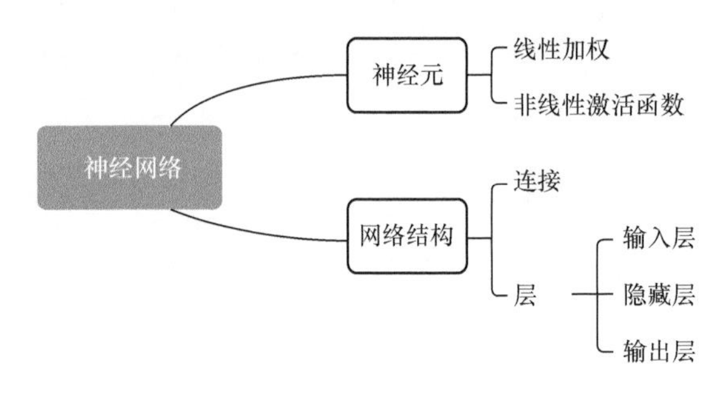

图2-8 神经网络的组成

每一个神经元都进行两步运算，第一步是对上一层神经网络的所有输入进行线性加权，第二步是对加权结果进行非线性转换，如图2-9所示。

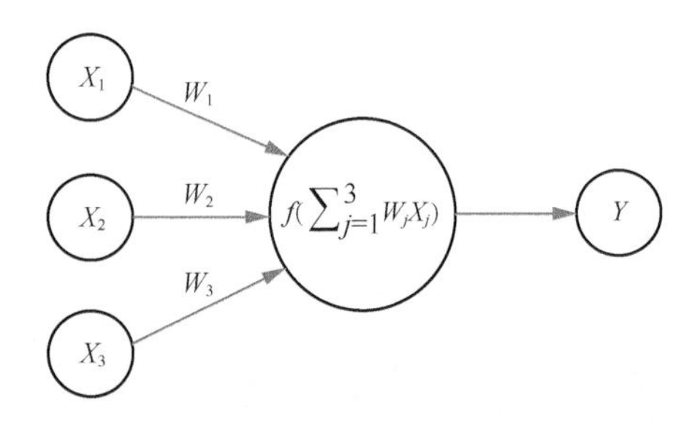

图2-9 神经元的运算

非线性转换用到的函数称作神经元激活函数。图2-10列举了几种激活函数，其中最传统的一种激活函数是Logistic函数，也称作Sigmoid函数，这实际上就是逻辑回归的模型函数。

激活函数	方程	示例	函数图像
单位阶跃（Heaviside）	$\varphi(z)=\begin{cases}0, & z<0,\\ 0.5, & z=0,\\ 1, & z>0,\end{cases}$	感知机变体	
符号函数（Sign）	$\varphi(z)=\begin{cases}-1, & z<0,\\ 0, & z=0,\\ 1, & z>0,\end{cases}$	感知机变体	
线性函数	$\varphi(z)=z$	自适应，线性回归	
分段线性函数	$\varphi(z)=\begin{cases}1, & z\geqslant \frac{1}{2},\\ z+\frac{1}{2}, & -\frac{1}{2}<z<\frac{1}{2},\\ 0, & z\leqslant -\frac{1}{2},\end{cases}$	支持向量机	
Logistic函数（Sigmoid）	$\varphi(z)=\frac{1}{1+e^{-z}}$	逻辑回归多层神经网络	
双曲正切	$\varphi(z)=\frac{e^{z}-e^{-z}}{e^{z}+e^{-z}}$	多层神经网络	

图2-10　神经元的激活函数

神经网络很早就被提出，但是之前的几十年一直没能大放异彩，这是因为当神经网络的结构过于简单，如层数太少、神经元太少时，得到的模型质量往往不是很好，但如果层数过多、结构过于复杂，又会导致硬件设备的运算能力不足。在之前几十年中，神经网络的性能受限于运算力，但有了GPU之后，运算力的问题得到了解决，神经网络开始崭露头角，也因此有了深度神经网络。

不同的神经网络有什么差异呢？首先，网络层数不同。曾经有一段时间，人们在进行深度学习研究时，非常注重网络的层数。图2-11所示是一个用于完成图像处理的神经网络，在2012年时是8层网络，2013年变成了9层，2014年变成了19层，2015年又变成了152层。

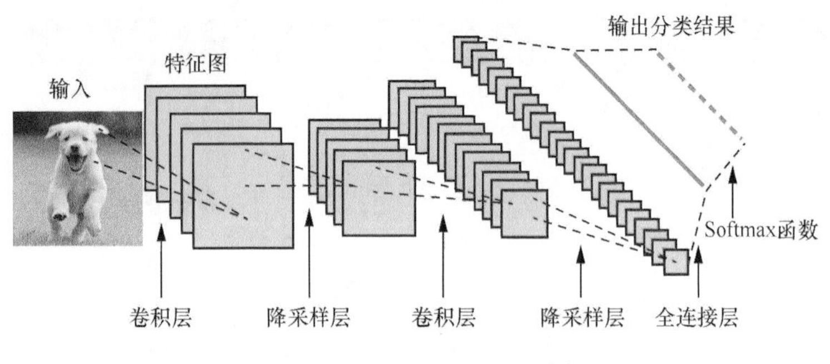

图2-11 卷积神经网络示例

其次，神经元的连接方式不同。即便是在全连接的情况下，输入数据加权之后的非线性处理也可能五花八门。例如，图2-11所示的目前很热的卷积神经网络，其中的非线性处理方式称作卷积。卷积并不是把前面的输入加权后直接带入某个函数当中去运算，而是用一个小的矩阵在大的矩阵上做加权求和，然后把大的矩阵转换成一个小的矩阵，这和传统神经网络中的非线性转换有很大差异。

神经网络的结构很容易区分，直观来看，5层和8层的区别很明显，但是其类型怎么区分呢？事实上不同的神经网络除了网络结构和连接方式不同，更重要的在于其神经元本身也有所不同。

神经元有不同的复杂度，如图2-12（a）所示的简单循环神经网络（Recurrent Neural Network，RNN）的神经元中只有一步非线性运算，而图2-12（b）所示的长短期记忆（Long Short-Term Memory，LSTM）网络和图2-12（c）所示的门循环单元（Gate Recurrent Unit，GRU）则要复杂得多。后两者一般用在序列预测中，都是现在很常用的深度神经网络。图2-12中的每个框代表一个神经元，进入框中的线代表输入，从框中出去的线代表输出，框中每个不同颜色、不同形状的图形分别表示一种运算。可以看出，GRU和LSTM的神经元很复杂，对于这样复杂的神经元，在实际应用中，也许其层数并不多，但是由于内部运算的复杂性，其数据处理能力非常强大。

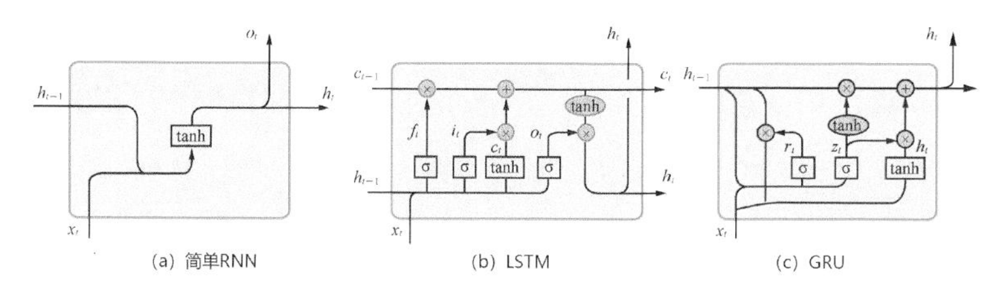

图2-12 不同神经元对应的不同神经网络

机器学习和深度学习最主要的区别在于特征提取方式不同。机器学习领域的特征提取主要靠人工完成，而深度学习可以全部交给神经网络完成，只需要导入事物的所有特征即可，这也是深度学习最初被青睐的一个原因。而且深度学习的自适应性比机器学习更好，如语音识别和语音合成，在几年前主要以机器学习模型为主体，但目前全部都在利用深度学习完成。

深度学习有如此多的好处，相应地肯定会有一些对资源或者运算能力的需求。深度学习所需要的数据量跟机器学习完全不在一个量级，训练一个机器学习模型可能用几千个样本就足够了，但是深度学习模型至少需要几万个样本。由于深度学习对数据的需求很大，所以它对计算能力的需求也同样远远超过机器学习模型。一个机器学习模型也许几分钟或者最多几小时就可以训练出来，但是深度学习模型一般要求有GPU的机器才可以进行训练。

2.2.2 深度学习的应用

目前深度学习的落地点并不是特别多，主要应用于语音处理、图像处理和自然语言处理。

AlphaGo是2016年上线的智能机器人，当时它挑战了韩国的九段棋手李世石并以4∶1的战绩取胜，随后又连续击败了60余名中日韩的高段位棋手，到了2017年，又以3∶0一举击败了当时世界排名第一的柯洁。这种和人类下棋的程序其实很早就有，在20世纪90年代，IBM公司的国际象棋对弈系统“深蓝”就挑战了当时世界国际象棋排名第一的卡斯帕罗夫，并取得了胜利。然而当时媒体界及学术界部分人认为，人类虽然会败给国际象棋的计算机程序，但是如果让这个计算机程序去下围棋，它是不可能打败人类的。这是因为在国际象棋的竞赛当中，“深蓝”采取的是穷举算法，把国际象棋的64个格子中所有可能出现的排列全部枚举一遍，然后分别计算每一种排列的胜利概率，以此战胜人类。但是如果换成围棋，棋盘上有361个点，如果将黑白棋子的所有可能全部枚举出来，得到的情况会比整个宇宙中的原子数还要多，这根本无法实现，所以有些人认为计算机在围棋上根本不可能战胜人类。但是AlphaGo挑战了这一观点，因为AlphaGo并没有穷尽所有的可能，而是学习了100多万盘人类对弈的棋局，然后利用深度神经网络从中提取出人类对弈的种种模式，获取有效步骤，无视无效步骤，这就是

AlphaGo的神奇之处。

AlphaGo虽然很厉害，但是普通人并没有机会接触到它。一个离普通人最近的深度学习应用是智能音箱。目前智能音箱种类非常多，例如小米音箱和百度音箱，以及苹果公司和微软公司也有各自的智能音箱。人们可以通过语音来控制智能音箱执行播放等功能，这涉及语音识别功能；除此以外，还可以跟智能音箱进行对话，这属于聊天机器人的功能，该功能是利用机器学习或者深度学习构造的；在机器人得出答案之后，还要再用人类的语音播放出来，这涉及语音合成功能。因此，语音领域是当前深度学习落地最充分、实战性最强的一个领域，语音识别和语音合成便是最好的代表。

深度学习还有一个应用领域是自动驾驶，特斯拉、谷歌、百度等很多企业都在这方面开展了研究。自动驾驶包含对一系列技术的复杂综合，研发公司首先需要具备汽车工程方面的技术，其次需要具备感知技术。现在一般有两种方法进行感知，一是利用图像识别，通过对采集到的图像进行分析来做出决策，另一种是通过激光雷达来感知。最后需要具备驾驶算法，如车辆通过什么算法做出决策？怎么判断加速、减速、左拐、右拐还是停车？这种算法很复杂，也是当前很热的深度学习研究方向之一。

自动驾驶技术目前还不是很成熟，特斯拉和Uber等公司在自动驾驶尝试过程中都发生过交通事故，而且这种交通事故的认定很复杂，到底是人的责任还是机器学习的责任，目前在学术界和法律界仍存在争议，所以自动驾驶技术离真正上路还有一定距离。

2.3 大数据

大数据是当前很热的一个词。这几年来，先是云计算，后是大数据，相继成为整个社会的热点，不管什么，似乎带上“大数据”三个字才显得“时髦”。那么大数据究竟是什么东西？有哪些相关技术？对普通人的生活会有怎样的影响呢？

2.3.1 关于数据的一些概念

在讲解什么是大数据之前，我们先要厘清几个关于数据的概念。

1. 数据

关于数据的定义，目前没有一个权威版本。为方便，此处使用一个简单的定义：数据是可以获取和存储的信息。

直观而言，表达某种客观事实的数值是最容易被人们识别的数据（因为那是“数”）。但实际上，人类的一切语言文字、图形图画、音像记录，所有感官可以察觉的事物，只要能被记录和查询，就都是数据（data）。

数值是所有数据中最容易被处理的一种，许多和数据相关的概念，如下面介绍的数据可视化和数据分析，最早都是立足于数值数据的。

传统意义上的“数据”一词，尤其是相对于所谓的“大数据”而言的“小数据”，主要指数值数据，甚至在很多情况下专指统计数值数据。这些数值数据用来描述某种客观事物的属性。

2. 数据可视化

数据可视化（data visualization）指通过图表将若干数据以直观的方式呈现给读者，如常见的饼图、柱状图、走势图、热点图、K线等。数据可视化目前以二维展示为主，不过越来越多的三维图像和动态图也被用来展示数据。

3. 数据分析

数据分析在狭义上指统计分析，即通过统计学手段，从数据中精炼出对现实的描述。例如，针对关系型数据库中以表格形式存储的数据，按照某些指定的列进行分组，然后计算不同组的均值、方差、分布等，最后以可视化的方式将这些计算结果呈现出来。目前很多文章中提及的数据分析，其实就包括数据可视化。

4. 数据挖掘

数据挖掘的定义众说纷纭，在实际应用中，主要指在传统统计学的基础上，结合机器学习算法，对数据进行更深层次的分析，并从中获取一些传统统计学方法无法提供的洞见（如预测）。

简言之，数据挖掘的过程就是针对某个特定问题构建一个数学模型（可以把这个模型看作一个或多个公式），其中包含一些具体取值未知的参数。我们将收集到的相关领域的若干数据（这些数据称为训练数据）代入模型，通过运算（运算过程称为训练），得出那些参数的值。然后再用这个已经确定了参数的模型，去计算一些全新的数据，得出相应结果。这一过程称作机器学习，我们在2.1节中介绍过。

2.3.2 大数据的概念

首先，大数据是数据；其次，它是具备了某些特征的数据。目前公认的特征有四个：大量（Volume）、高速（Velocity）、多样（Variety）和价值（Value），简称4V。

大量（Volume）：就目前技术而言，至少数据量要达到TB级别以上才能称为大数据。

高速（Velocity）：1TB的数据，如果能在十分钟内处理完，可以称作“大数据”，如果要用一年才能处理完，就不能认作“大数据”了。

多样（Variety）：就内容而言，大数据已经远远不局限于数值。文字、图片、语音、视频等一切可以在网络上传输显示的信息，都可以是大数据的内容。从结构而言，和存储在数据库中的结构化数据不同，当前的大数据主要指半结构化和非结构化的信息，如机器生成的信息（各种日志）、自然语言等。

价值（Value）：如果不能从数据中提取价值，不能通过挖掘、分析得到指导业务的前瞻性信息，那这些数据就没什么用。不过现在还存在另一种理论——只要是数据就有用，能不能获得价值，取决于分析人员的能力。

大数据分析，顾名思义，就是将数据可视化、数据分析、数据挖掘等方法运用到大数据之上。

从某种意义上讲，大数据可谓机器学习的福音，很多原有的简单粗糙的机器学习模型，仅仅因为训练数据量级的增加就大幅提高了准确性；甚至还有一些模型因为准确性随着数据量增加而增加的势头尤其明显，得以脱离默默无闻而被广泛使用。

此外，大数据分析对于运算量的需求巨大，原有的基于单机的运算技术已经不能满足需求，这就催生了一系列新技术。

抽象而言，各种大数据技术无外乎分布式存储辅以并行计算，具体体现为各种分布式文件系统和建立在其上的并行运算框架。这些软件程序都部署在多个相互连通、统一管理的物理或虚拟运算节点之上，形成集群（cluster）。因此不妨说，云计算是大数据的基础。

2.3.3 大数据的技术

下面简单介绍几种当前比较流行的大数据技术。

1. Hadoop

Hadoop是当前非常知名的大数据技术。

2003年到2004年间，Google发布了3篇有关GFS、MapReduce和BigTable的技术论文（“The Google File System”“MapReduce:

Simplified Data Processing on Large Clusters”和“Bigtable: A Distribuled Storage System for Structured Data”)，这3篇论文是云计算和大数据领域发展的重要基石。当时一位因公司倒闭赋闲在家的程序员Doug Cutting根据前两篇论文，开发出了一个简化的“山寨版”GFS——HDFS，以及基于其的MapReduce计算框架，这就是Hadoop的最初版本。后来Cutting被Yahoo雇佣，依赖Yahoo的资源改进了Hadoop，并将其贡献给了Apache开源社区。

简单来讲，Hadoop的原理是将数据分布式存储，运算程序被发派到各个数据节点进行分别运算（Map），再将各个节点的运算结果进行合并归一（Reduce），从而生成最终结果。相对于动辄TB级别的数据，Hadoop的计算程序一般为KB或MB量级，这种移动计算而不移动数据的设计节约了大量网络带宽和时间，并使得运算过程可以充分并行化。

在诞生后的近10年中，Hadoop凭借其简单、易用、高效、免费、社区支持丰富等特征成为众多企业实施云计算和大数据的首选。

2. Storm

Hadoop虽好，却有其“死穴”，其中之一是它的运算模式是批处理，无法对许多有实时性要求的业务提供很好的支持。因此，Twitter推出了基于流的运算框架——Storm。不同于Hadoop一次性处理所有数据并得出统一结果的运行方式，Storm对导入的数据流进行持续不断的处理，随时得出增量结果。

3. Spark

Hadoop还有一个致命弱点，就是它的所有中间结果都需要进行硬盘存储，I/O消耗巨大，使得它不适用于多次迭代运算。而大多数机器学习算法，恰恰要求大量迭代运算。

自2010年开始，美国加州大学伯克利分校AMP实验室开始研发分布式的、运算中间过程全部由内存存储的Spark框架，由此在迭代计算上大大提高了效率。Spark也因此成为了Hadoop的强有力竞争者之一。

4. NoSQL数据库

NoSQL数据库可以泛指非关系型数据库，不过一般用来指代那些建立在分布式文件系统（如HDFS）之上，基于键值对（key-value）的数据管理系统。

相对于传统的关系型数据库，NoSQL数据库中存储的数据无需主键和严格定义的结构，于是大量半结构化、非结构化数据可以在未经清洗的情况下直接进行存储，这一点满足了处理大量、高速、多样的大数据的需求。当前比较流行的NoSQL数据库有MongoDB、Redis、Cassandra、HBase等。

NoSQL并不是没有SQL的意思，而是不仅仅有（not only）SQL的意思。为了兼容之前许多运行在关系型数据库上的业务逻辑，大量在NoSQL数据库上运行SQL的工具涌现出来，如Hive和Pig，它们将用户的SQL语句转化成MapReduce作业以在Hadoop上运行。

2.3.4 和数据相关的职位

和数据相关的职位有不少，大都并非新生事物，下面简单举例介绍。

第一类，统计员。这个职位的历史比较悠久，一般村子中的生产队都有统计员，工厂等其他组织或机构也有专门的统计职位。例如，在一家工厂中，每天每个车间都要上报各种原材料的使用、耗损情况，产品成品数、废品数等，这些数字被汇总给统计人员，统计人员会制作一张表格，说明某日、某月、某年的成品率、成品数等。虽然这看起来不够现代化，但实际上他们所做的数据收集、整理、展示的工作，在根本上和现在的数据分析师是同理的。

第二类，商业分析师，职责是使用数据仓库技术、线上分析处理技术、数据挖掘和数据可视化进行数据分析，以实现商业智能（Business Intelligence，BI）。这个职位相对现代，但其实和传统工厂中的统计员差别不大，主要是数据展示的方式有所不同。BI需要使用软件工具对数据进行整理和展示。例如，某大型生产型企业的BI，其工作是统计该企业各种产品在各个地区的销售信息，需要每天根据各个销售网点提交的Excel表，把其中数据导出到数据库中，进行SQL查询，然后用可视化工具将结果生成图形表格提交给业务人员参考。

第三类，数据分析师（data analyst）和数据科学家（data scientist）。这两种职位，在某些机构组织中，职责会有所不同；在另一些机构组织中，职责相同或相似，但级别不同。对于职责不同的地方，一般数据科学家使用机器学习算法，而数据分析师则专注于统计。

目前“数据科学家”这个词一般和大数据绑定在一起，似乎一提到“数据科学家”就是从事大数据分析的，但是实际上未必。很多“数据科学家”确实在工作中大量应用机器学习算法，但是他们处理的并不一定是大数据，很可能只是十万、百万量级的数据库记录。

第四类，大数据工程师（big data engineer）。该职位更偏重对数据本身的处理，即对大规模（TB/PB级别）数据的提取、迁移、抽取和清洗。数据工程师也可能会进行数据挖掘工作，或者协助数据科学家实现算法。

第五类，数据质量（data quality）专员。该职位的目标是保证各层级数据的完整性和准确性，需要负责制定数据完整性和准确性标准，以及设计检测方法并实施检测。

上述职位主要是IT产业内的职位，其他在研究机构或者大公司研究部门进行算法优化和研究的人员，以及另一些相对低端的手工清洗数据的劳动者（如在数据库时代，手工录入数据到数据库的人员），就不计入此列了。

2.3.5 大数据的影响

大数据概念的兴起正在对我们的社会产生多方面的影响。

1. 定量分析

“大数据”的兴起使得人们开始关注“数据”，这是对社会层面的首要影响。越来越多的决策者开始重视数据的力量，会在做决定时参考各类统计、分析报表，而不再是凭直觉做决定。

2. 从必然到相关

相对于传统的数据统计，大数据更关注发现事物之间的相关性，而非因果关系。人类因为曾经数据贫乏而形成的“因为……所以……”的思维习惯，在大数据时代正在向“……和……有关联”转变。基于大数据的相关性分析可以让我们更高效地发现原本很难通过推理得知的事物之间的内在关联，并在公共管理、医疗、治安甚至一般商业领域已有广泛应用。

3. 信息安全

以今日的技术，一个人的个人信息、网页浏览记录、购物记录、对图书影片等内容的偏好，以及在浏览不同页面时的行为习惯等，都可以轻易被商家或某些机构获取。在大数据的笼罩之下，每个人都将无所遁形。这种情况下，应该如何保护每个人的隐私，是一个值得思考的问题。

新技术解决了许多之前无法解决的问题，同时也带来了新的问题。像所有其他技术一样，大数据也是一把“双刃剑”，能否用其利、除其弊，有赖于全社会的共同努力。

第3章 人工智能从业者的技能包

3.1 人工智能行业的历史机遇

2020年人力资源和社会保障部发布的《新职业——人工智能工程技术人员就业景气现状分析报告》中指出，我国人工智能人才缺口超过500万，供求比例为1∶10，至2025年该缺口可能将突破1000万。针对这些现实问题，我国高校不断获批增开人工智能专业。2020年2月，全国范围内获得人工智能专业首批建设资格的高校共有180所，相比2018年的35所增加了414%；2021年2月，教育部官网公布了《2020年度普通高等学校本科专业备案和审批结果》，130所高校获批人工智能专业，进一步反映了人工智能专业的热度正在急剧攀升。

当下，人工智能人才需求的缺口越来越大，这个缺口的客观存在也给很多想要转向人工智能行业的人士提供了机会。目前最多的转行人员是Java程序员和C++程序员，其次是其他诸如数据挖掘、数据架构、数据分析等数据相关领域的从业人员，还有少部分Python、PHP的开发人员。

在人工智能领域，职场新人和想要转行进入这个领域的其他行业在职人员各有哪些机遇呢?

对于职场新人来说，他们本身就是一张白纸，虽然所学专业有所不同，但是从求职角度来说，进入哪个行业的差别并不是很大，所以应届毕业生进入其他行业并没有成本，关键在于找到一个好的行业并加入。那什么样的行业算是好的行业呢？自然是那些具有巨大发展潜力和进步空间的行业，也就是当前新兴的、处在上升期的行业。比如二十几年前，那时中国的移动互联网刚刚开始布局，在那个有线网络逐步升级为光纤的时代，通信行业非常热门，行业待遇也非常高，因此吸引了很多人才。但经过二十几年的发展，现在的通信行业进入了一个相对平稳的阶段，虽然5G可能会带来新一轮的热潮，但是与当年从无到有的大爆发时期并不能同日而语。现在的人工智能行业就类似当时的通信行业，随着技术的迅速发展及应用的逐步落地，人工智能领域对于人才的需求会进一步加剧。并且，对于新人来说，新兴行业是“干净的盘子”，或者说“未布好的局”。不同于那些已经具备森严架构的行业中新人的可有可无，在人工智能领域，新人的前途是不可限量的。

对于已经在其他行业有所积累的人来说，想转到人工智能行业是否可行？从年龄上讲，这类人相对于年轻人并没有优势，但现在转行也有两个有利因素：一是现在存在巨大的人才缺口，目前的人才供给量短期之内不可能激增，而需求量随着市场的扩大会迅速增加，这就导致市场一定会倾向于吸纳很多其他行业的人才，以填补现在的人才缺口；二是从企业内部来讲，由于现在不管是机器学习还是深度学习，它们和现实的业务融合还处在实验阶段，还没有形成非常规范的应用条件，但是尽早地投入会给企业带来一定的先发优势，目前很多企业愿意在这方面进行投入和尝试，因此企业很希望招收一些有基础能力的其他行业的人才。也就是说，现在的人工智能行业存在一个非常难得的转行窗口期，但这个窗口期并不长，因为很快就会有很多新人涌入市场，而且应届毕业生的实战能力相当惊人，所以如果把握不好这个窗口期，以后转行会更有难度。

如果想进入人工智能行业，对于不同的岗位来说切入点也有所不同。

首先，对于算法岗位来说，基本不接纳转行人员，这是因为即便都是算法岗，不同算法之间的差别也很大，因此人工智能算法岗的门槛很高。例如，同样是语音算法，语音识别和语音合成的算法差别就很大，这是许多转行人员无法胜任的。如果想进入这个领域，一般有两个途径，第一，就职人员本身是名校的博士，在学校中有一定的学术成就，然后应聘到一些明星企业，负责算法研究或者算法落地，这是主要的途径；第二，就职人员本身是一个资深的工程师，在实践过程中又深入学习了很多关于机器学习和深度学习的理论，再加上原本从事的工作和实践与人工智能的应用相一致，这类人有很大机会向算法落地方向发展，最终成为一名合格的算法工程师。

其次，对于工程岗位，由于工程领域本身的范围很广阔，所以无论直接入行还是转行进入工程岗位，路线都会多一点。比较典型的是计算机相关专业的毕业生入职，可以直接以新人身份入职工程岗位；对于原本已经是其他领域的程序员，可以通过自学机器学习方面的理论，成为人工智能领域的程序员；对于原本从事数据分析的人才，可以自学机器学习的理论和一定的编程语言后进入人工智能工程领域；对于传统行业领域的专家，可以基于理论和实际编程能力的学习进入人工智能的工程领域；另外，对于从事数据标注的人员，可以升级从事工程岗位，关键还是要学习。

上述是一些进入工程岗位的职业路径，但很多人可能会觉得通过辞职学习再转行的代价太大，所以想寻求一种直接进入该行业的方法。这种机会也有，因为目前很多企业在进行人工智能方面的尝试，对于有一定知识积累、希望进入人工智能领域的人才，有机会通过内部转岗的方式转向工程岗位，这可能是比较平滑的一种入职方式。

最后，对于数据岗位，由于其门槛比较低，所以在进入该岗位之前需要考虑以下两点：第一，应尽量选择大一些的企业，因为大企业相对比较规范，虽然数据相关的工作要求的技术水平不是很高，但大企业的管理流程及企业文化都已成熟，对于一个职场新人来说，相对正规的环境及合格的员工培训可以让员工可以学到更多的知识；第二，在入职第一天就应该开始规划自己的未来，努力学习技术，规划好将来是转入工程岗位还是管理层，这是完全不同的两条道路。第4章会详细讲解这些岗位的具体情况。

总之，不管什么岗位，要开始人工智能的职场之路，最重要的一点就是要明确目标。首先要明确是否入行人工智能，如果要的话，以哪种类型的岗位作为切入点，如果是数据岗位和工程岗位，相对不要求非常明确具体的学科领域，但如果是算法岗位，则要求有一个非常明确、具体的学科领域。

有了明确目标之后，接下来要做的就是积累知识，包括机器学习和深度学习的基本理论和编程技术，这是实现手段，另外获取和整理数据的能力也很关键。对于现阶段的工程岗位，很多企业需要应聘者拥有实践经验。对此，学生可以通过企业实习来达到实践的目的，在职人员也可以自主地进行一些小项目开发，以便了解现实问题和方法模型之间的联系与转化过程。

另外，随着窗口期的逐渐过渡，速成式学习效果会越来越差。也许现在通过自学在短期内有机会进入AI领域，但是企业对这种速成式学习的认可度会越来越低，这也是需要重视的一点。

还有一些求职时的细节需要注意。假设我们已经完成了前面几步，有了明确的目标和知识积累，也做了一些实践，但是在真正求职时，还要管理好自己的预期，也就是说不能要求太高，尤其是刚进入人工智能行业就期望很高的职级，这基本上不可能实现。

另外，如果自身的硬件条件不是特别好，如毕业院校不是很出众、学历不是很高，那么初创企业会是比较好的求职方向，因为大企业对硬性条件的要求往往比较严格，而一些中小型企业由于急需人才，可能会对员工硬性条件的要求相对比较宽松，更看重个人的实际动手能力。

最后需要注意的是，转行人士应尽可能具备构建全栈人工智能的能力，因为企业比较注重实际业务结果，所以为了满足企业的需求，求职者最好能够具备把不同的基础框架结合起来的能力。

3.2 人工智能从业者的“超能力”

人工智能从业者大多需要具备3个方面的“超能力”：机器学习的理论知识、数据整理的能力和编程能力。不同岗位对这些能力所需的程度略有差异，具体会在第4章进行介绍。本节主要介绍这3个“超能力”的具体内容。

3.2.1 机器学习的理论知识

人工智能从业者最核心的知识技能储备是机器学习的理论知识。机器学习理论本身是数学模型，是在实践中根据特定问题总结的一个数学建模过程，只不过在求解的过程中，它采用的并不是精确的数学求解方式和运算方式，而是计算机近似求解的方式，追求速度、效率和质量的平衡。因此，机器学习理论知识最核心的部分是数学。在入门阶段，需要掌握不同模型的原理、数学推导、求解算法及应用场景，这些都属于基础理论的范畴。

尽管在实际工作中可以直接套用模型，即直接把数据代入工具中进行训练，但是学好机器学习的理论知识依然很重要，原因有以下三点。

第一，求职面试时会问到模型原理等问题，我们要会解释模型的作用，对应的应用场景等。另外在工作过程中，与同事协同工作时也会涉及这些内容。

第二，对一些高阶应用场景，现有模型往往无法满足需求，我们需要自己去构建实际的目标函数并用不同的算法进行求解和优化，这时就要求对已有的模型原理足够熟悉。

第三，学习机器学习理论能起到一定的“破除迷信”的作用，当我们掌握理论基础之后，就不会被很多人工智能领域的专业词汇“吓到”，当有新的产品问世时，我们也能够知道技术背后的东西。

表3-1列出了一些经典的机器学习模型（包括有监督学习模型、无监督学习模型）和一些优化算法，其中，模型与数学能力相关，而算法更接近对编程能力的考验。

表3-1　经典的机器学习模型

机器学习分类	算法模型
有监督学习模型	线性回归、朴素贝叶斯、逻辑回归、决策树、SVM、SVR、HMM、CRF等
无监督学习模型	聚　类（k-means, Spectrum Clustering）、GMM、PCA、SVD等
优化算法	梯度下降、对偶算法、牛顿法、模拟退火算法等

当具备机器学习理论知识后，对于深度学习，我们已经知道神经网络由神经元组成，则还应该了解神经元的结构，激活函数有哪些，相应的网络结构如何发挥作用，什么是前

向传播和后向传播，神经网络的主要类型分别适用于哪些应用场景等。

既然要学模型，数学知识就是必备的基础。前面提到，算法岗位要全面掌握基础数学知识，但是对于工程岗位，要求没有那么高，在初级阶段，只需要掌握一些基础的概念和运算即可。例如，微积分中的微分、可导；概率论中基本的概率分布、条件概率和联合概率，还有一些定理，如贝叶斯定理、中心极限定理；线性代数中的矩阵和向量运算等，如表3-2所示。此外，如果能够掌握数学规划部分的知识更好。这些内容正好对应一名理工科大学生的数学水平。

表3-2 从事人工智能需要具备的数学知识

知识分类	具体内容
微积分	微积分、求导等
概率统计	概率分布、条件概率、联合概率、极大似然估计、中心极限定理等
线性代数	向量运算、矩阵运算等
数学规划	凸优化等

除了纯粹的理论，工程岗位还要掌握模型生命周期的相关知识，这样才能开发出好的模型。

模型生命周期的第一阶段是模型训练。在训练模型时，首先准备数据，然后把数据划分为训练集、验证集及测试集，最后根据这些数据集的作用去优化模型，其中涉及的模型类型的选择，以及如何编写测试程序，都是需要掌握的内容。

模型生命周期的第二阶段是模型的测试和验证。模型编写完毕，我们需要知道如何检验其好坏，如何计算相应的指标，如何对照每一次训练的结果和上一次训练的结果，以及如何设置现有模型的检测基准（benchmark）。

模型生命周期的第三阶段是模型优化。假设训练出一个模型，经验证后发现效果很差，那么此时应该如何进行优化呢？最简单的方法有三种——加数据、调参数、换模型，具体选用哪一种方法也是一个很重要的问题。

模型生命周期的最后一个阶段是模型的部署与服务。为了让训练的模型能够为产品服务，还需要对模型进行封装。封装应该选用API还是SDK，最终成品的并发性、延迟及吞吐量如何等问题都要缜密考虑。

3.2.2 数据整理能力

第二个需要具备的“超能力”是数据整理能力。当收集数据时，数据原本存储在文本文件或者数据库中，如何读取它？读取后，还需要进行存储和传输，那么把它存在数据库中还是服务器中？存储和传输之后，还要对数据做具体的处理，包括数据清洗和一些格式上的转换，这些都是我们要处理的问题。

数据整理实际上还包括数据统计分析，包括数据挖掘及数据可视化。数据可视化主要包括两方面：一是把统计分析结果以图表或者函数图像的方式显示出来，二是把目标函数在二维或者三维空间中展示出来，查看在一定值域范围内的图像情况，从而增进对函数的理解。

为什么要进行数据统计分析呢？在进行机器学习的过程中，我们得到数据之后并不能直接利用数据，而是需要从数据中提取特征，所以必须先了解数据，这可以通过数据可视化实现。

3.2.3 编程能力

最后需要具备的“超能力”是编程能力。对编程能力的要求主要有三个方面：一是对语言本身及其函数库的运用要熟练，例如，对于Python语言，我们需要掌握其语法、常用函数的调用及一些库函数的适用范围等；二是对基础算法要了解，这里的基础算法指查找、排序等算法，这是一名程序员应该具备的基本职业素养；三是要具备程序设计的能力，这是最重要的一点，具体包含数据I/O、API设计、模块设计、架构设计、部署和运维等内容，在真正进行软件开发时，还需要兼顾功能、性能及速度等问题。

3.3 如何学习和提高

如果想成为一名AI领域的工程师，我们应该如何学习？这一节主要从学习计划、学习方法、阅读论文、工具和资源及综合实践的角度进行介绍。

3.3.1 学习计划

首先我们要有一份学习计划，即学习大纲。我们可以把要学的内容分成六部分：第一部分是数学，第二部分是模型原理和算法，第三部分是数据处理，第四部分是模型的生命周期，第五部分是工具和编程语言，第六部分是实践。

前五个部分的具体学习内容我们在3.2节已经介绍过。对于实践部分，我们可以选择一些典型的问题，如分类问题、回归问题、序列预测和聚类问题等，运用已有的知识，自己尝试进行解决。3.3.5小节会具体介绍实践的方法。

3.3.2 学习方法

学习方法主要有两种，如图3–1所示。

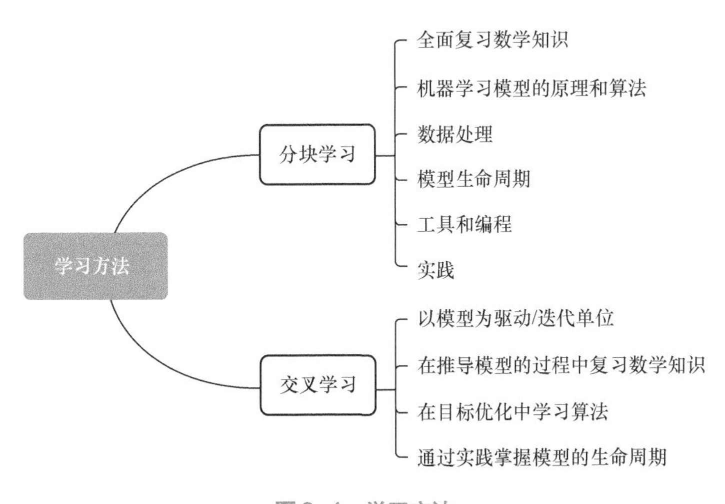

图3–1 学习方法

第一种是分块学习法，依据大纲的各个部分顺序地进行学习。例如，可以先学数学，接着学习机器学习的模型和原理，学完常用模型之后，再去学数据处理和具体模型的训练过程，最后学习工具的使用和编程，并利用工具进行实践。

第二种是交叉学习法。交叉学习是以一个个模型为单位进行学习，一边学习模型，一边回顾需要用到的数学知识，在复习数学知识的同时学习相关的优化算法，每个模型学完之后立刻进行实践。这样从第一个模型开始，我们就可以熟悉模型的生命周期。

对比这两种方法，交叉学习法的学习效率更高，因为它本身就以模型为单位，并在实践的过程中不断进行学习，但是需要学习者具备一定的编程基础，而分块学习法适用于所有人。

具体到学习方法，有一些小建议供大家参考。首先，在学习数学的过程中，可以将函数图形化，如学习一个函数时，最简单的方法是在二维或者三维直角坐标系中把它画出来，以一种直观的方式去理解；也可以自己制作一些数学知识的速查手册，如常用的求导和积分公式等，以备不时之需。

其次，在学习机器学习时，推荐大家利用交叉学习的方法，从最简单的模型开始，逐步深入，而且对于一时无法理解的模型，要反复学习并实践，当知识积累到一定程度，自然而然就可以理解这些模型。在学习模型的过程中，可能有一些描述性的文字不容易理解，这时可以阅读相关库函数的源代码，帮助理解算法和模型。

最后，对于深度学习的神经网络模型，建议对照论文并结合实际应用进行学习，同时要对比阅读不同神经网络的源代码，以便于理解论文。图3-2是一些关于学习方法的小建议。

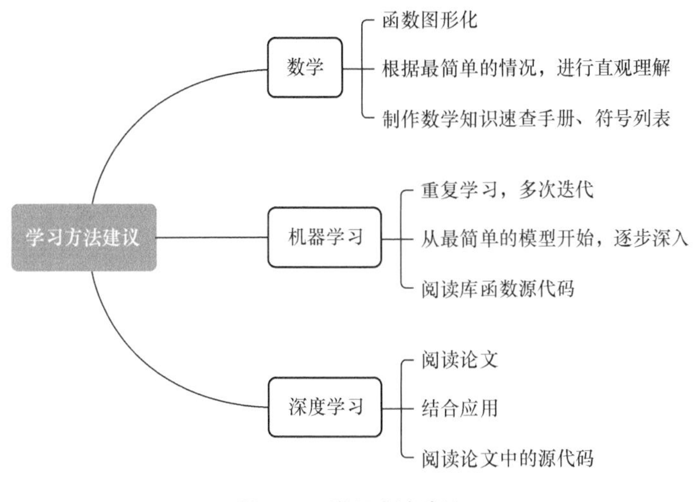

图3-2 学习方法建议

3.3.3 如何阅读AI论文

1. 阅读论文的目的

首先，要明确为什么要阅读论文。关于这一点，不同的阅读者有不同的答案，至少可以分为以下三种。

第一种，对于人工智能领域的学者来说，阅读论文是其日常主要工作之一。他们需要不停地阅读论文来了解这个学科的前沿发展水平，了解他的同行都在做什么，以及通过别人的论文来为自己的课题带来启发，甚至通过别人论文中一些已经被验证错误的方向来避免自己走弯路。

第二种，对于人工智能工程师来说，当他有了工程上的需求，需要去解决一个具体的问题，但自己没有现成的解决方案时，可以通过阅读一些学术论文来了解是否有一些现成的研究成果可以用作解决方案，或者为解决这个问题提供理论基础。

第三种，对于学生来说，阅读论文的目的可能更加广泛一点；一方面是通过阅读一些经典论文来了解学术发展的脉络；另一方面是希望通过广泛浏览一些比较新的论文，了解当前的学术状态，以及目前学术发展到了什么程度；此外，还可以纯粹地为了学习某一个知识而去阅读论文。

虽然阅读论文的目的不尽相同，但对于阅读论文本身而言，存在很多共性。

2. 检索论文

当我们提到阅读论文时，大家可能认为阅读论文就是拿到一篇论文，然后开始一行一行地阅读其内容。但实际上，进行阅读这个动作，其实已经是第二步了。我们在真正阅读之前，还有一个步骤，就是检索论文，也就是寻找我们需要的论文。否则，面对人工智能领域成千上万篇且不断更新的论文，我们无从下手，徒劳而无功。

关于论文检索的方法，第一，可以通过搜索引擎来完成，如谷歌学术、必应学术、Semantic Scholar等；第二，通过传统期刊和会议的目录来检索，如INTERSPEECH、IEEE、ACM、ICML、Springer等，现在很多期刊和会议都提供了在线目录，检索起来非常方便；第三，可以使用arXiv在线论文库检索论文，这个论文库会收集物理学、数学、计算机科学与生物学的论文预印本，很多论文在正式发表到期刊或会议之前就已经收录到arXiv了，因此这里面有很多非常新的论文；第四，可以通过论文的参考文献进行检索；第五，可以通过一些科技类的博客、公众号进行检索，如Quora、知乎等论坛上经常会有人分享一些论文列表，甚至一些视频博主也会发布一些带领大家阅读论文的视频。

了解这些工具之后，寻找目标论文的入手点是什么呢？我们应该使用什么样的关键词或者问题来获得想要的论文呢？这就需要了解论文的一些基本属性。论文的基本属性包含题目、作者、作者归属的学术单位、摘要、关键词、发表的时间、发表的期刊或会议、被引用数量等，这些都可以成为我们检索的入手点。

当希望了解一个问题的研究进展，如关于实体和关系的联合抽取问题的最新研究进展，或者自然语言处理领域的最新研究进展，但又没有一个很明确的论文题目时，可以通过关键词来进行检索。或者你知道这个领域有哪些著名的学者，也可以用作者名或者研究单位的名称来进行检索。

使用关键词检索通常能够得到成千上万篇相关论文，就算只看前几页的话也有几十篇，把这些论文全部阅读一遍显然不太现实，因此就需要通过论文的基本属性来判断它是否值得阅读。例如，这篇论文的作者是不是行业内有影响力的学者，或者是有影响力的学者的学生；这篇论文是否来自顶级的期刊或者会议；这篇论文是何时发表的，如果是比较久远的论文，那么是不是领域内奠基性的论文，或者是不是比较新、比较前沿的论文；这篇论文被他人引用了多少次，他人的评论如何，等等。

此外，我们还可以根据摘要来了解一篇论文的基本情况。值得阅读的论文根据内容可以分为如下几种。首先是开创性的论文，也是最经典的论文，即这篇论文中有作者原创的发明，或者有他自己独到的发现，而这些是前人都没有的，这种论文是最值得阅读的。其次是应用经验型的论文，即把别人发明的理论应用于一个新的领域，并积累了一些自己的经验来分享，这种论文往往偏向于工程方面。此外，还有综述类的论文，它是对一段时期内某一个领域比较具有代表性的一些论文的总结，这类论文有助于迅速从整体上了解一个领域的学术现状，因此阅读一些好的综述类论文也是非常有益的。

3. 阅读论文的方法

当我们完成检索和筛选工作之后，才是真正地阅读论文。阅读任何一篇论文，都至少有两种阅读方法，一种是精读，即一行一行、一字一句地阅读，把内容全都透彻地吸收消化；另一种是泛读，即大概浏览论文内容。

科技论文的结构大多类似：首先是题目、作者、作者的单位、摘要、关键词，然后是正文；正文部分首先是引言，也就是介绍这篇论文的背景，其次介绍论文中采用的实验方法或者解决方案，再次是实验的数据、分析、结论，最后陈述当前实验方法的局限和下一步的工作方向。

无论是精读还是泛读，哪怕只是简单浏览一下，也必须要阅读论文的摘要，要知道这篇论文的核心是什么。对于正文部分，如果是一篇开创性的论文，则需要阅读引言，因为只有阅读了引言部分才能知道这篇论文所提出的原创方法是解决什么问题的；但如果是一篇应用经验型的论文，对引言部分进行概要性的阅读即可。

此外，阅读人工智能论文还有一种技巧，就是在阅读全文之前，先查看其中是否有图和表。如果论文中有架构图，则说明论文中包含实验方法，即便是非原创方法，一般也是对原方法有所改进，才有必要画架构图。如果论文中有数据分析表，则说明这篇论文中有实验和数据。如果一篇论文中既没有架构图也没有数据表，还不是综述类论文的话，那么这篇论文的价值很可能不太高。

阅读论文的一般顺序是，先阅读文字陈述部分，再阅读数据部分。对于陈述部分，同样先了解整篇论文的架构，然后阅读论文细节和公式推导。对于数据部分，则是先了解该原始数据是什么，原始数据来自哪里，是公开数据集还是作者自己收集整理的数据，如果是作者自己收集整理的数据，那作者有没有把这个数据集公开，最后去了解数据处理的结果、结论和分析。

如果论文中有公式，那么公式可能是整篇论文中最“硬核”的部分。此时要不要阅读公式部分呢？可以分几种层次讨论。第一种，如果只是为了了解目前的学术发展情况而泛读的话，可以跳过公式部分不去阅读，甚至只看文字部分产生的结论也未尝不可。第二种，如果希望了解得比较细致一些，到了精读的层面，则至少要跟读公式，即看懂公式。第三种，如果希望利用这篇论文来解决实际问题，则需要深入理解公式及其推导过程，甚至对公式的推导过程进行验证，因为论文中确实有可能出现错误。因此，需要根据自己的实际需求来决定将论文阅读到哪种层次。

在阅读论文的过程中，特别是当我们以学习为目的来阅读论文时，很有可能会遇到一些不了解的概念、术语、定理、定律或者算法等内容。如果是泛读，可以选择跳过这些内容，不影响了解论文的整体架构即可；如果是精读，则需要查找相关资料来了解这些内容。不过，了解只是第一步，如果能够在了解的基础之上，自行构建一张这篇论文的思维导图或者是知识图谱，把这篇论文中涉及的概念、术语、定理等内容串联起来，这样慢慢积累知识，等到阅读了足够多的论文之后，就可以将一小块一小块的知识图谱，连缀成一张具有整体性、领域性的知识图谱。这种知识的日积月累对学习非常有益。

当我们以学习为目的阅读论文，特别是阅读一些经典论文时，要学会构建一条完整的学习路径。也就是说，若要研究某个领域，应该先阅读一些综述类的论文，或者按照发表的先后顺序来整体性地阅读这些经典的论文，而不是无序地随机阅读。

4. 利用论文

阅读完论文之后，怎么利用这些论文呢？首先，可以利用其中的数据。我们可以用数据来验证这篇论文本身的结论，也可以把这些数据应用到自己的项目中。其次，如果一篇论文提出了一个方法，则可以先了解该作者是否提供了开源的代码，或者是否有他人依据该论文实现了一些开源的代码。如果有，我们可以直接拿来用或者作为参考；如果没有，我们也可以自己编写程序来实现这个方法。最后，我们还可以基于这篇论文做更进一步的研究，或者将现成的经验应用到自己的工作中，进行工程实践……这当然也和我们阅读论文的目的相对应。

3.3.4 工具和资源

如果希望进行交叉学习，我们必须具备一定的编程能力。假设要掌握Python语言，可以直接阅读其官网文档进行逐步学习，或者通过阅读相关书籍进行学习。遇到具体问题时，还可以利用Stack Overflow等技术社区查询解决问题的思路。

常用的数据处理工具有以下几类：第一类是应用工具，如BI工具、Excel、数据库等基础工具和SAS、SPASS等专用数据分析工具；第二类是企业中常用的大数据工具，如Hadoop、Spark等；第三类是在文本处理过程中会用到的一些工具，如Word2Vec等分词工具。

图3-3列举了几个关于机器学习和深度学习的在线课程网站。这些网站上有很多行业专家开设的课程，例如，Andrew Ng（吴恩达，原斯坦福大学教授，曾任Google和百度首席科学家）开设的课程就非常经典，UIUC的翟成祥教授的课程也很值得学习，还有很多名校的公开课程也很不错。另外，DataCamp网站的课程主要针对编程语言的入门

学习者，其中的老师会一步一步地引导学员进行学习，包括Python和数据处理等方面的内容。

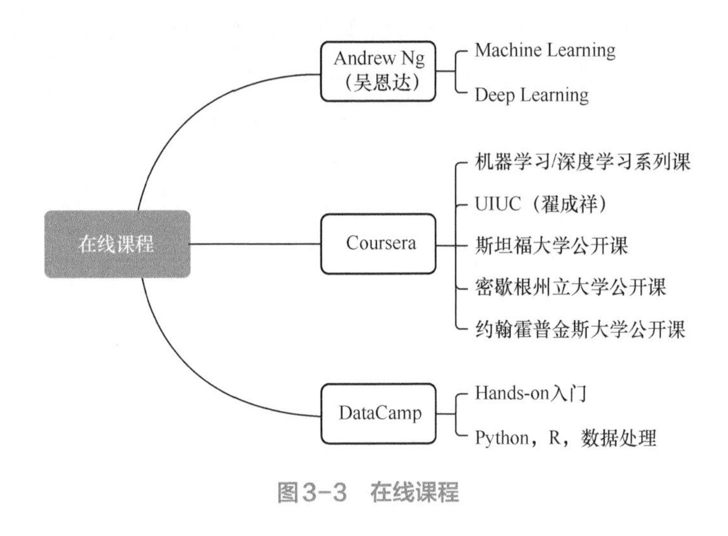

图3-3 在线课程

3.3.5 综合实践

仅仅进行理论知识的学习远远不够，还需要进行综合实践，直观地去感受模型的生命周期，通过基础训练认识数据的威力，并尝试调试参数，感受模型的“艺术性”。

人工智能领域的实践一般指给出一个具体的实际问题和相关的数据，从问题中抽象出可以用人工智能模型解决的部分，然后通过特征工程从相关数据中抽取数据特征，并转化成数值形式进行运算，最后将运算结果转化成对实际问题的解答。

在实践中，我们可以完整地感受从业务到机器学习模型再回到业务的过程，并且能够综合检验我们的多种能力。

实践机会有很多，如图3-4所示。可以参加AI课程，课程中会有各种项目和作业，需要通过给出的数据进行实际问题的处理；可以参加竞赛，网络上有各式各样的竞赛，包括数据类、机器学习类的竞赛，一些大型企业也会组织竞赛，有能力或想要锻炼自己的人都可以参加，而且竞赛结束后一般会公布最佳解决方案，可以从中摄取营养；参加学校的项目也是一个不错的选择，很多老师在尝试应用机器学习工具的过程中，会有一些项目需求，这也是很好的机会；还可以去公司实习，实地参与模型训练，融入真实的环境中去实践，这种方式下技术提升的速度很快。

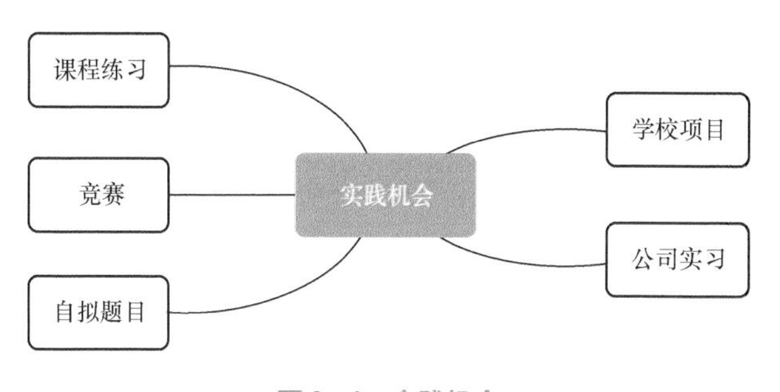

图3-4 实践机会

互联网上有很多公开的数据集资源网站，其中提供了大量整理好的可供下载的数据集，以方便读者自学。其中最值得推荐的是Kaggle，这个网站不仅提供了数据，还提供了各种竞赛和实际问题的解决方案。除此之外，UCI、AWS、SNAP也提供了很多不错的数据集，读者可以自行下载，然后运用简单的模型进行分析。

第4章 走进人工智能行业

4.1 行业现状和发展趋势

4.1.1 人工智能行业概况

在之前的章节中我们提到过目前人工智能应用领域的实际落地点并不是特别多，很多还在发展之中。也就是说现在真正能够产品化地来应用人工智能的领域相对有限，如图4-1所示。而在这些领域中，人工智能，尤其是深度学习部分，落地最扎实的有两个方向，一是图像处理，二是语音处理。

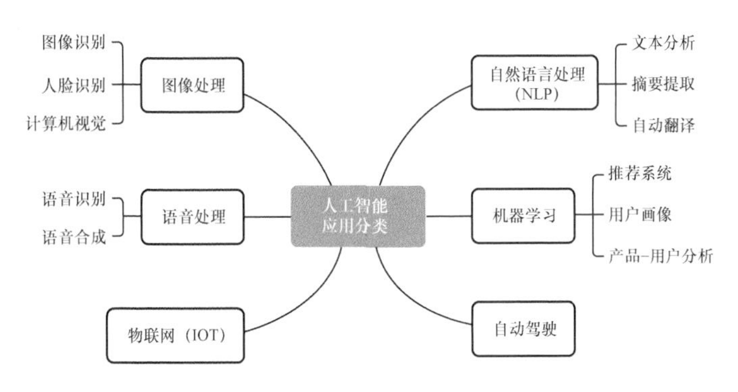

图4-1 人工智能应用分类

在图像处理领域，最基本的应用是图像识别，目前应用最广泛而且最成熟的是人脸识别技术。无论在国际上还是国内，人脸识别方向的创业公司都有很多，而且垂直领域的独角兽也基本在这个领域里面。

人脸识别技术还被应用于安防领域，这可能是当前最大的一个应用领域。另外还有行为识别，如对人体动作的一些行为识别，或者通过一个人的身体特征、身体动作等来识别其身份等，它们同样属于图像识别的范畴。

另外就是语音处理领域，如语音识别和语音合成，这是目前特别典型的两种语音处理应用。在这两个方向上展开的实际应用研究大多有相对较长的历史可以追溯。图像领域用的是卷积神经网络（Convolutional Neural Networks，CNN），语音领域用的是循环神经网络（Recurrent Neural Network，RNN）。目前深度学习在语音方向的发展相比于在图像方向的发展要更进一步，如人工智能音箱就涉及语音识别，以及语音合成的过程。此外，现在广泛应用的语音搜索功能，如百度的语音搜索引擎，或者很多手机App中的语音指令功能，都是语音识别的实际应用；常用的手机和车载地图导航中的语音实时导航，则是很典型的语音合成的实际应用。

语音和图像是现在深度学习最前沿的两个落地点，自然语言处理（Natural Language Processing，NLP）紧随其后。但目前无论是研究成熟程度，还是产品化程度，NLP相较于前两者都有较大差距。不过NLP相关的突破性研究也有很多，如微软的人工智能语音机器人小冰能够在一个数据集的基础上在阅读理解方面与人类相抗衡。此外，很多客服机器人事实上也都涉及NLP。通常来说，如果一个应用至少具备语言理解能力或语言生成能力，那么它就必然涉及自然语言处理。

机器学习技术也可以应用到其他很多方面。例如，电商推荐系统和用户画像都会用到机器学习中的若干模型；在数据处理、数据挖掘中，也都会不同程度上用到和机器学习相关的内容。另外，自动驾驶也是人工智能的热门应用领域，我们看到的和人工智能相关的“爆点”新闻，可能有一大半都与自动驾驶相关。

最近几年一直提到的物联网（Internet of Things，IOT），之前还处于初级阶段，仅仅起到数据收集的作用，但是结合人工智能，它可以在数据收集之后，进行比较有深度的数据分析，也可以进一步和其他的业务结合，开发很多新的功能，这也是当前比较新的一个关于人工智能的尝试点。

4.1.2 我国的人工智能企业分类

前面我们对当前人工智能领域做了大概的分析。下面我们来看看现阶段国内和人工智能相关的企业大概有哪些类型。具体来说，就是国内有哪些企业已经把业务向人工智能方向做了迁移，或者说已经开展这样的业务。图4-2所示为人工智能领域中的企业分类。

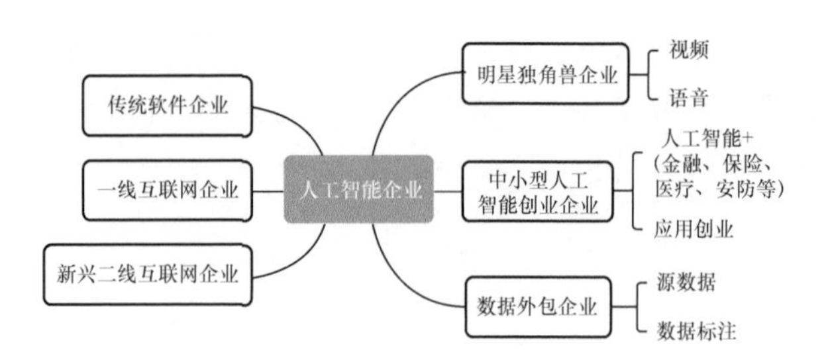

图4-2 人工智能领域中的企业分类

我们先来看看大企业的情况。很多传统的软件企业，如我们熟悉的微软中国、IBM中国，拥有雄厚的实力和长期的学术积累，包括很多人工智能方面的学术研究成果，因此它们会在人工智能方向发展相应的业务。此外，现在较热门的BAT（百度、阿里巴巴、腾讯）等一线互联网企业也在从事人工智能研究，聚集了很多相关人才。例如，百度的自动驾驶技术中用到的语音搜索技术、百度地图导航，淘宝的推荐系统，微信的语音和图像处理，背后都涉及人工智能的相关研发工作。一线互联网企业在人工智能方面的投入很可观，在招聘市场上经常可以见到这些企业招聘大量与人工智能相关的高薪岗位。

在BAT之后，还有一些新兴的互联网企业，如华为、今日头条、美团、小米等体量较大的企业，近年来也都在进行人工智能的探索。

在人工智能的两个主要方向上，即图像方向和语音方向，都产生了不少独角兽企业，如图像方面比较出名的旷视科技（旗下拥有新型视觉服务平台Face++）、商汤科技（Sense Time）等。

除了这些大企业外，还有很多中小型的人工智能创业公司，它们基本上是在垂直领域内部结合原有的实践来开展一些人工智能业务，主要涉及金融、保险、医疗和安防等方向。这些初创公司均结合了原有业务的特征。从数量上看，金融和医疗这两个方向的企业相对较多。这种现象说明人工智能学术界的研究同这些方向原有的业务结合点较多，这种结合使得在这些领域应用人工智能成为一种可能。例如，谷歌在2018年的I/O大会上列举了它在医疗领域取得的一些新成果，提到了一项人工智能在医疗方面应用的突破性进展——它可以通过自动识别来诊断一些眼部疾病。

还有一些本身并不是以技术见长的企业，但它们却是人工智能整个行业中必不可少的环节——数据支持。数据支持企业在早期主要从事一些数据外包业务，即专门为大企业收集和制造数据，然后进行数据标注，或者从事一些较简单的先期数据处理。一些大企业在进行语音识别和合成时，需要大量的语音标注，特别是进行语音合成的时候，需要找专业的播音员录制用来标注的语音数据，此时就需要一些数据服务公司帮它们去做这些事情，因此，多年来创造了很多数据外包公司。随着人工智能应用带来的人工智能行业和相关业务的扩张，对于数据的需求呈几何增长，让这些数据类企业得到了很好的发展契机，并能够迅速发展起来。

以上是一些已经投入到人工智能大潮当中的企业。除了这些企业，还有一批处在观望状态的企业。这些企业可能也想尝试在企业内部应用一些人工智能的新技术和新方法，但是暂时还没有真正投入进去。这种企业主要以小型IT企业为主，它们能够认识到人工智能的重要性，也看到大企业在这方面取得的一些成就，但对自身实力是否足以支撑这方面的发展存在怀疑从而犹豫不定。“互联网+”是前几年的一个热点，从理论上讲，任何一个传统行业都可以加互联网，把一部分业务通过互联网的形式实现。类比之下，可进行传统行业的“人工智能+”，即传统企业加人工智能从而达到业务增长的目的，从理论上讲，这也是可能的，只是目前还没有多少成功案例。因此，类似的大企业也处在观望中。

如图4–3所示，据统计，当前就业市场上，人工智能相关的岗位有28%由2000人以上规模的大企业提供，14%由500～2000人规模的公司提供，19%由150～500人规模的公司提供，而只有不到四成岗位由150人以下的小企业提供。因此，目前人工智能岗位的需求主要来自大中型企业。

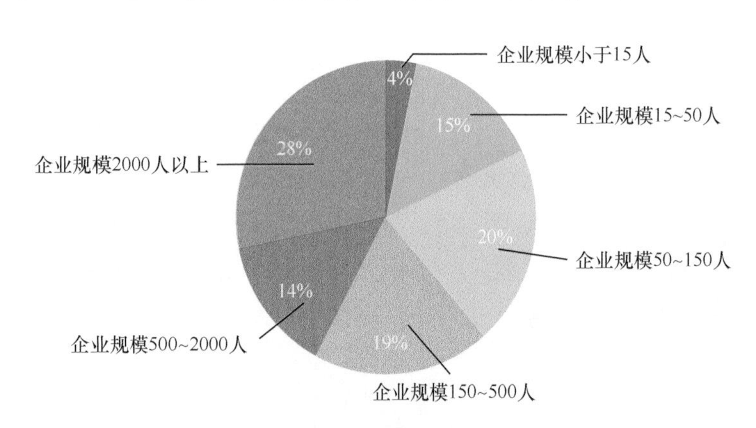

图4–3 人工智能岗位的企业规模分布

在2016年之前，对人工智能相关人才的需求基本上被大企业垄断，到了2016年之后，才逐渐有一些中小型企业进入人工智能行业并提供了一部分相关岗位。

2017年是人工智能媒体热度的一个顶峰，但到了2018年，仅仅一年的时间中，人工智能整个行业就发生了一些变化，最典型的就是媒体热度下降，被区块链超越。2017年，有很多类似深度学习的概念被提出，曾经一度成为整个社会的追逐热点，并且当时只要推出新技术，就能够吸引大家的注意力。但是到了2018年，人工智能相关产品开始注重如何落地，因为一项技术如果没有对应产品，没有应用领域和应用场景的话，就无法像以前那样受到关注。

前面提到的数据服务企业，如果只做数据提供业务的话，其本身水平不高，利润空间也很小。因此，这些依靠劳动力密集型工作来“安身立命”的企业，现在有部分也开始尝试将业务同人工智能算法和一些行业的专家结合起来，以谋求发展。而且随着人工智能的发展，技术会逐渐取代人力进行数据标注，导致数据标注人员的需求急剧下降，迫使很多数据服务企业在展望自身未来时，不再仅仅满足于做一些简单的原数据收集和处理工作，而是利用自身现有的数据，尝试和相关算法结合，使用现有的开源工具开发一些自己的产品，或者为大企业提供一些高附加值的服务。

4.1.3 人工智能行业的未来

那么未来人工智能行业是什么样？我们仍然可以参考互联网的发展来展望。早期互联网企业是专门的一个领域，后来有了“互联网+”，互联网变成了一种技术、一种模式、一套体系方法，可以被各式各样、各行各业的企业借鉴应用。也就是说，现在的互联网实际上已经逐渐走向一个内化的过程。同样，人工智能的未来，我们认为它也会是类似的发展趋势，它同样会逐渐内化到各行各业中去。举个简单的例子，当下只有一些前沿行业，如电商在做用户画像、产品推荐这些工作，但是也许在以后，所有的商家都会做类似的工作。无论商家提供的是实物性的产品，还是一些服务；无论是针对大众客户，还是一个具体领域的客户，都可能会有这方面的需求，也会用到类似机器学习的技术。这就体现出了人工智能的行业内化。

此外，数据的资源性地位会被逐渐确立起来。我们都知道数据很重要，但是目前来讲，大多数企业，包括BAT在内的大企业，做数据都是“各自为政”，甚至企业内部不同的团队之间开发不同的产品，在需要数据时都需要分别去获取。这样，数据并没有成为一种能够整体协调的资源，而且现阶段也没出现类似其他行业的一些开放性质的大众平台，能够比较明确地进行数据资源交易。对于小企业，它可能没有人力去独立获取所需的数据，但是它愿意支付一定的费用以使用所需的数据。我们希望未来数据能作为一种通用资源进入交易领域中，类似生活中用到的电力、水力一样。

现在的人工智能技术可以大致分为两大部分——机器学习和深度学习，同时也包括传统编程领域的一部分，那么人工智能技术将来会如何发展？对于刚刚步入人工智能行业的应届毕业生和其他行业的转行人员来说，该如何规划自己的学习途径？将来这个领域需要什么样的人才？

目前而言，人工智能领域对全栈程序员的需求较大。现在有很多人工智能技术的开源框架和开源的方法，我们可以直接下载使用，并不需要每名程序员从头编写。但是仅仅有程序是不够的，无法满足实际应用的需求，程序员必须自己获取相关的数据，并通过开源工具运行自己的数据生成所需的模型，最后添加UI，让它变成一款面向用户的产品。特别是当前，有很多中小型企业准备投入人工智能领域，但是受客观条件的限制，在企业成立早期无法投入大量人力物力，因此企业需要全栈的人工智能工程师。两三个全栈人工智能工程师就可以利用现有的数据，以及一些开源工具，生成所需的产品模型，因此企业对全栈工程师的需求比较多。

机器学习和深度学习都属于较为专业的技能。目前，通常只有当一个人去面试人工智能工程师时，才需要既学习机器学习，又学习深度学习；若只是面试Java后端程序员，并不太需要同时具备这方面的知识。但是在未来，这些知识会从专业技能向通用技能转变，也许以后所有的程序员在面试时，都会被问到人工智能相关的专业技能。

从中小企业的工业实践来说，中小企业如果开发自己的人工智能产品，很难独立从头到尾实现所有的技术栈，因为企业本身无力承担这所需的人力成本。企业可以使用模块化工具和一些通用模型，加上自己的业务数据来生成自己的产品。这样做的好处非常明显，能够节约人力，而且不需要自身投入资深的技术专家。但这样做也有弊端，如果企业都是采用通用模型来生成自己的产品，其调参能力可能不是很高，导致产品的效果不好。但是对于中小企业来说，在短期来讲，能用上自己的产品比追求高质量更加重要，有了能用的产品才可能去追求更高的质量。因此，能够快速地、以尽量少的资源直接创建端到端产品的人才，会成为中小企业的基本需求。

和中小企业不同，对大企业来说，它们自身的人力和财力足够，可以聘用各个领域最高端的人才。大企业需要的是学术能力强、能在实际应用中针对性优化相关算法的人才。目前大企业中非常缺乏分布式计算、并行计算等业务方面的人才。

另外，人工智能技术也有很多分支，其中有一些分支现在已经应用到实际的工作中了，如强化学习、半监督学习、无监督学习等。但是直到现在，无论是机器学习还是深度学习，在产品上有效的基本上都属于有监督学习，无监督学习和半监督学习还处于研究和尝试阶段。而有监督学习中最大的一个问题是，它需要大量人力进行数据标注，而且标注工作可能需要根据不同的产品线反复进行，从而消耗巨大的人力。探索如何在尽量节省人工的情况下获得高质量的训练数据，无论是在学术研究还是工业实践方面，都将成为下一步追求的目标。

4.2 人工智能行业中有哪些工作岗位

本节将通过一款AI产品举例介绍人工智能行业中不同岗位的职责和他们对产品的贡献。

4.2.1 人工智能产品背后的技术应用

2018年5月8日，谷歌公司发布了新一代的Google Assistant，也就是谷歌助手。谷歌助手很早就有了，只不过这次提出了一个新的不同凡响的功能，即协助主人电话订餐，虽然发布会中最后并未订餐成功，但是也提供给了主人足够有用的信息，而且在整个通话过程中，谷歌助手的声音非常自然，与服务员的交互完全通过自然语言进行，而且音色很优美，特别是中间还会有一些过渡的语气词，听起来跟人类助手没什么区别，服务员完全没有感觉到这是一个机器在和他交流。

这样一款产品，它背后应用的技术非常多，大体可以分成以下三部分。

第一部分是语音处理，包括语音识别和语音合成，这是最重要的部分。语音识别指机器能够听懂人类的语言表达，而语音合成指机器能够通过自然语言对人类进行反馈。

第二部分是自然语言处理。因为机器通过语音识别把语音转化成文字之后，机器本身是不能理解的，所以它需要把文字分解成若干的实体或者意图等逻辑上的概念，再进行理解；反过来，当它生成反馈时，机器会把一些抽象概念组合成具体的语言，这些都属于自然语言处理的范畴。

第三部分是知识库。机器在识别人类的自然语言时，需要与其“大脑”中的一些概念进行比对，然后做出反馈，这些概念及概念之间的转化都存储在知识库中，并且允许通过特定的方法进行搜索。这个知识库有时候会是一张知识图谱，以图形的形式来连接所有的概念。

4.2.2 人工智能应用背后的工作流程及岗位

下面通过语音合成技术来了解一项应用背后的开发流程。

图4-4所示为语音合成应用的开发流程。首先要选定一个语料库，如新闻稿或者小说等，找到足够多的带有相应体裁特征的文本，并把这些文本交给发音人，让他照着文本朗读，然后把他的发音结果记录成音频，再把音频数据交给标注人员标注，标注的结果就成为可以用于训练的数据。接下来利用这些数据去训练模型，直至这个模型可以做到输入文本后输出反馈的声音，最后把这个模型部署到服务器中进行应用，这就是语音合成应用的基本开发流程。

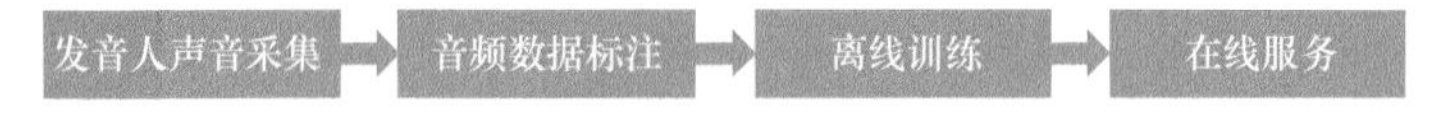

图4-4 语音合成应用的开发流程

一个语音合成团队是怎么分工的呢？首先要有数据标注人员。他们负责将收录的音频信号切分成一个个不同的元素，即如果一分钟音频中包含150个字，标注人员就需要将这150个字中的每个字分别标注到其对应的音频信号区间。这项工作相当烦琐，且工作量巨大。

其次还要有算法人员。以谷歌助手用到的端到端的语音合成技术为例，这种模型基于深度神经网络，结构复杂。在该模型中，网络内部分多少层，每层有多少个节点，每个节点的神经元是什么样子的，不同层之间的神经元有什么差异，这些都是算法人员需要考虑的事情，也是整个工作中最核心的部分，因为如果深度神经网络搭建得不对或者不好，语音合成系统就无法发出声音，或者就算勉强发出声音，效果也会很差。

最后还要有工程人员。这类人员可以分为两类：一类是模型类，前面提到过，这类人员可以看作算法专家的助手，主要进行模型的训练、测试和封装；另一类是基础架构类，因为模型的训练需要有一套运行神经网络的工具或者框架，而且模型一旦训练出来，可能还需要提供在线服务，背后涉及的诸多服务程序和其他模块需要由基础架构类的工程人员来开发。图4-5所示为语音合成应用开发过程中所涉及的岗位概述。

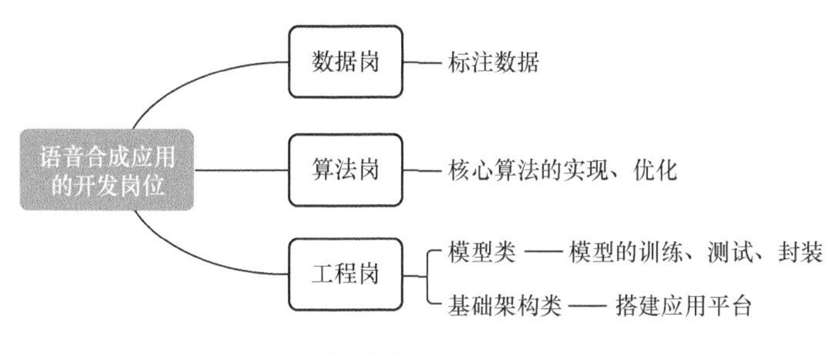

图4-5 语音合成应用的开发岗位

深度学习的很多应用领域都有类似的岗位配置。例如，现在深度学习的另一个非常重要的应用——安防系统，该应用背后涉及图像处理技术，包括物体检测、人脸检测、姿态估计及行为识别等，而这些技术均由数据人员、算法人员和工程人员合作完成，如图4-6所示。其中数据岗负责图像的采集和标注，标注内容包含图片中人的位置、动作等；算法岗负责搭建深度神经网络，搭建出来的网络要能够和采集到的数据一起进行训练并得到模型；工程岗负责在算法专家的指导下进行模型训练和图像预处理，当然也包括搭建平台框架和封装API。

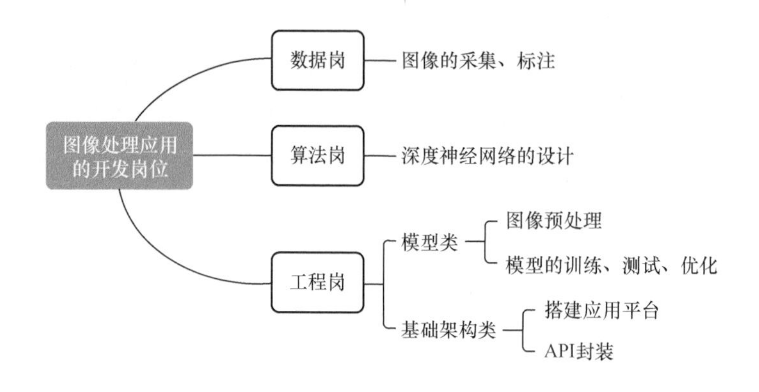

图4-6 图像处理应用的开发岗位

4.3 算法岗位

4.3.1 算法岗的特征

在详解算法岗位前，首先要明白，我们所说的算法岗位和很多人自称的算法工程师差别非常大。图4-7所示的招聘启事中的NLP算法科学家就是一种比较常见的算法岗位，也就是说，算法人员特指某个特定领域的科学家或者研究员，如NLP算法科学家或NLP算法研究员，而我们日常所说的算法工程师实际上并不是算法岗位，而是工程岗位。

招聘中

NLP算法科学家 80-110K·16薪

北京 · 3-5年 · 博士

职位描述

岗位职责：

1 NLP基于深度学习的生成模型和对话模型的最前沿技术研究与探索；

2 NLP最新技术在游戏行业中的应用和落地。

职位要求：

1 机器学习、统计、数学、计算机科学相关专业博士，或优秀硕士；

2 深度学习方面具备扎实的理论基础和实践经验，熟练掌握Python / C++ / Java中至少一门语言；

3 熟悉深度学习框架的使用，包括TensorFlow或者PyTorch；

4 熟悉Transformer等主流深度学习模型，熟悉BERT系列及GPT系列等主流预训练语言模型，发表过NLP、深度学习相关论文者优先；

5 有线上对话系统，大规模NLP模型训练和部署经验，对prompt based training熟悉者优先。

图4-7 NLP算法科学家的招聘启事

判断一个岗位是工程岗位还是算法岗位有以下三种方法：一是如上面提到的，看招聘的岗位名称；二是看职责和技能要求，一般算法岗位都会有一个非常精准的领域，如招聘启事的职位要求中可能会很清晰地写明要具备某领域的算法和工程优化经验；三是看薪资水平，真正的算法岗位的薪资明显高于其他的岗位。

算法岗位有哪些特征呢？第一，其领域针对性非常强，做语音识别的就是做语音识别的，不可能在学校里做语音识别算法，毕业后直接从事图像处理算法，一般来说直接转变研究领域很难，总需要一个学习的阶段，而每个不同的领域都需要很长时间的积累才能有所成就；第二，热点领域的算法人才严重供不应求；第三，对于算法人才，需求方包括大型的传统IT企业（如微软、谷歌、IBM等），一线的互联网企业（如国内的BAT及国外的Facebook等），以及一些细分领域的独角兽（如从事人脸识别的商汤科技）。算法岗的特征如图4-8所示。

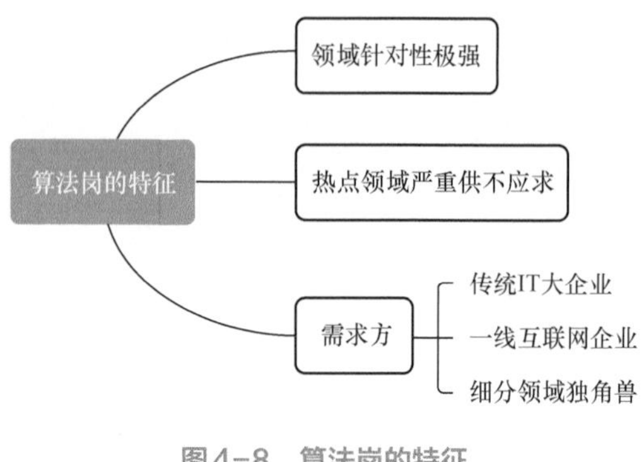

图4-8 算法岗的特征

4.3.2 算法岗的工作内容

大型企业中一般有专门的研究机构，在这里，算法专家的工作主要分为两个方向：一是进行学术研究，通俗而言就是发表论文；二是把学术研究成果和工业实践结合起来进行产品开发，这也是现在企业主要的需求方向。

在工业实践范围内，算法专家首先要做的是进行方向上的判定，要分辨哪些学术成果可以拿来应用；接着是开发产品原型，一旦原型被验证有效，算法专家还要考虑后续产品的整体设计，包括算法和架构的融合，以及效率问题等。也许算法专家不是最终的实践者，但他们一定是方向和技术上的决策者。

4.3.3 算法岗的能力要求

1. 学术能力

算法岗首先要求学术能力，包括三大部分，即论文、数学功底和算法。数学功底对应大学课程中的微积分、线性代数等。对于一些常用的基本算法，算法专家要能够深刻地理解并进行优化改进，更高级的要求是能发明新的算法。上述所有工作的前提是要大量地阅读论文，当然，前沿论文中有时候也会存在错误，这个时候就要考验算法专家的能力了，其数学功底必须足够好，能看得懂文章中每一步数学推导，这样才有可能发现文章中的错误。一般情况下，前沿论文是否有问题，光靠阅读是无法判断的，需要通过实践来检验。

例如，WaveNet神经网络是谷歌收购的一家公司DeepMind提出的学术成果，是一款可以模拟人声的声码器。假设一个算法专家要运用这个学术成果，首先要做的就是阅读论文，读懂它里面每一步的数学推导，接着去实践，即根据论文描述构建一个神经网络，最终生成一款产品。

所以算法岗位对从业人员的学术能力要求很高。在求职的时候，企业会通过一些方式来判断求职者的学术能力。首先是看求职者是否接受过专业的学术训练，这个主要通过求职者的学历及研究领域进行判断，在这一点上，知名高校的人才会更有优势；其次是看学术成果，如果求职者能够在含金量高的期刊、会议上发表论文，就足以证明求职者有很高的学术能力；最后是看求职者是否参加过各类竞赛，如参加过图像处理方面的竞赛，也能够说明求职者有一定的工程能力及学术能力。

从上面的分析可以看出，算法岗位并不适合大多数人，因此在求职之前可以测试一下自己的“算法能力”。我们可以通过阅读论文的方式进行测试，如果不能坚持从头到尾读完一篇论文，那就需要考虑是否要真正进入这个岗位了。

2. 解决实际问题的能力

除了学术能力，企业需要更多能够把学术成果转化成实际产品的算法专家，即要求从业人员具有解决实际问题的能力。这里主要包括两个方面：原型开发和产品设计。

前面提到，很多新的学术成果，需要算法专家进行实践验证，即通过对照论文中的成果，开发一套原型，并利用这个原型去还原论文中的结果。一般常见的工具有MATLAB和Python，其中，MATLAB更偏学术。如果做深度学习，可能还需要掌握一些框架，如最典型的TensorFlow和PyTorch等。

原型开发出来并没有解决问题，还要把它转换成产品。很多深度学习的学术成果，虽然在功能上可以达到效果，但是应用到具体的产品当中时就会遇到各种问题，这就涉及产品设计的能力。例如，上面提到的WaveNet，在进行实际设计的时候，其第一个版本的成果已经可以合成类似于人的声音，但是合成的过程耗费的时间太长，这在实际应用中完全不可行，后来随着不断改进，其性能得到了很大提升，这时候才被用来为用户提供服务。由此可见算法专家在产品的整个设计过程中起很大的作用。

3. 软技能

除了前面所说的硬实力之外，算法专家的软技能也非常重要，主要包括终身学习能力、专注力、领导力、沟通能力和行业洞察力。

其中“终身学习能力”和“专注力”无论是对做学术研究还是对做工业实践都特别重要。要成为一名专家，就需要永远站在最前沿的位置，一直阅读最新的论文，不断地学习，而且在阅读论文时还需要追寻作者的思路，一步步去验证和推导，所以说“专注力”也非常重要。

如果一个人纯粹喜欢做学术研究，那他可能也不太适合成为算法专家。这是因为在工业界，算法专家的领导力、沟通能力和行业洞察力都非常重要。算法专家虽然也是技术岗，但这种技术岗和一般的技术岗不太一样，因为算法岗有很多事务需要别人协助，在这种情况下，其需要不断地和别人进行沟通；同时作为一个项目的总指挥，其需要进行任务分配和指标设定，需要对工程岗和数据岗进行一定的指导，这都是领导力的体现；另外，其还要看到未来的发展方向，有一些前瞻性的考虑，即具备“行业洞察力”。图4-9所示为算法岗所需的各项能力。

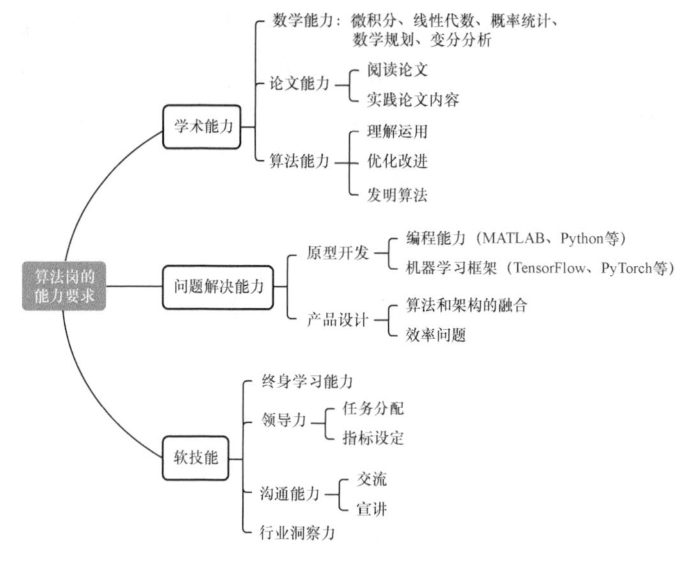

图4-9 算法岗的能力要求

4.3.4 算法岗的人才来源和职业发展方向

算法岗的人才来源，一部分是学者，如国外的一些教授，一旦在学校里拿到教授职位，他们就可以在保留教职的基础上去企业任职，国内现在还没有非常完善的制度来支撑这种做法，因此很多高校的学者会辞掉教职进入工业领域，但是整体来看，这部分人才的数量较少；大多数算法专家是相关专业的博士，包括刚刚毕业的博士，以及一毕业就进入工业界的、从业多年的资深博士。

并不是说没有博士学位就一定不可能成为算法专家。例如，一些应届的硕士，如果他在学校做过相关的算法工作，也发表过相关的论文，正好遇到企业招聘的高峰期，被招聘成为算法专家并非不可能，当然这种情况比较少。

还有一类算法专家来自相关应用领域的专家，虽然这类人没有读过博士，但在业务上的积累非常深厚，通过多年的自学，学术能力水平也很高，因此也可能获得机会进入算法类的岗位。

对于未来的职业发展，其实对于科学家和研究员类的岗位，越往深走，未来可选择的路径越少，要么继续做技术，从一名相对新手的科学家发展成为一名资深的科学家，或者去负责更大的项目；要么从技术转做管理，从管理项目转为管理科学家和工程师。

4.4 数据岗位

4.4.1 数据岗的工作内容

数据岗的常用招聘名称有两种：一种是数据运营，另一种是标注专员或者标注师。图4-10所示为一个数据标注专员的招聘启事。

数据岗的核心工作是数据标注，但是除了数据标注外，还要进行前期的数据收集和整理，可能还会涉及一些数据分析和数据监控的工作。例如，游戏开发公司每天都会有一些在线服务的数据，这些数据经过简单处理之后可以呈现出一些图表，数据岗有时候需要对这些图表的走势进行分析和监控。

招聘中

数据标注专员 7-8K·14薪

北京 · 经验不限 · 学历不限

职位描述

岗位JD：

1、负责商业内容审核，标注相关数据，跟进后续处理，帮助算法团队提高识别准确度；

2、保证审核工作的时效性、准确性，每周整理典型案例，持续优化审核流程；

3、根据现有工作提出可行性优化建议；

4、协助其他部门解决用户投诉，提高用户付费满意度。

任职资格：

1、聪明、抗压、认真、有耐心，能长期做同一件工作并能独立思考；

2、注重团队合作，具备良好的沟通能力；

3、注重用户体验，能站在用户的角度思考。

图4-10 数据标注专员的招聘启事

4.4.2 数据岗的能力要求

数据岗和算法岗对能力的要求非常不同。数据岗的门槛非常低，不同于算法岗要求的博士学位及各种能力，大专文凭甚至高中文凭即可胜任数据岗的工作要求。

在硬实力方面，数据岗人员首先要会使用一些工具，因为数据标注工作中会用到一些软件及专业工具。除了专业的标注工具外，Excel也是一款很常用的数据标注工具，实际上很多文本标注可以直接用Excel完成，或者很多数据本身就是Excel文件格式。其次数据岗要求基础的编程能力，该要求主要用于数据处理，一般来说，如果数据岗没有特别严格的分工，那么除了简单的数据标注外，有时候也会要求进行数据分析和处理，需要运用脚本或者Python进行数据处理，这就涉及编程。

在软技能方面，数据岗比较看重表达、理解和沟通交流的能力，一个普通人稍加训练也可以具备这些能力。另外，数据岗还要求一定的领导力，虽然只有真正进入管理岗后才会涉及管理他人，但在还没有进入管理岗位时，领导力可以用于自我约束和自我管理。在自我管理的能力中，最主要的是责任心和细心。因为虽然数据岗的工作非常简单，但是工作量巨大，如果在工作过程中出错，会造成很大的损失，即使很多正规企业配备了专门的检查人员，但有时候抽检也不能保证高准确率，所以数据岗人员要具备很强的自我管理能力。图4-11所示为数据岗所需的各项能力。

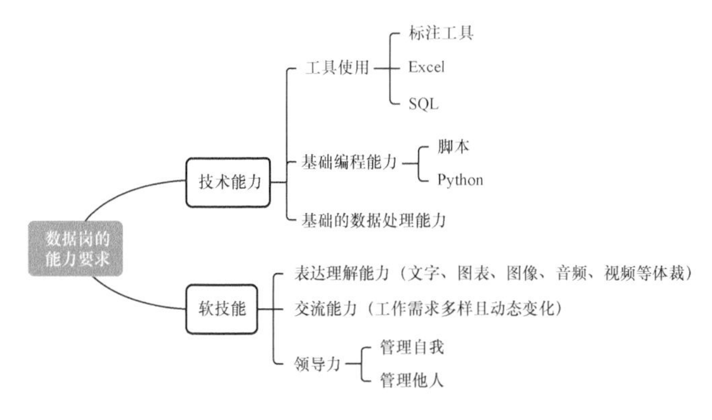

图4-11 数据岗的能力要求

4.4.3 数据岗的特征

数据岗的特征主要有以下几点。

第一，门槛低，对员工的学历和技术能力要求不高。

第二，数据岗是一种“亲近数据”的岗位，从业人员需要每天不停地接触数据，而且大多数直接对接原始数据，有时也直接对接业务，如主动去采集视频及音频数据。另外，数据岗能够直接感受到数据对模型和业务的影响。如做安防系统时，用网络上的图片训练出的模型效果不好，但是请专业人士拍摄高清照片之后，模型效果改善了很多，这就是数据对模型的直观影响。

第三，数据岗的工作方式很灵活。例如，企业要求每天标注一千张图片，员工可以在不同地点分多次完成工作任务，而不必每时每刻都固定待在公司，所以这项工作很适合进行众包。虽然现在很多企业直接雇佣全职人员来进行数据类的工作，但有些公司也在尝试把工作任务放在兼职网站上，写明工作量和价格，这时候会有人来接任务，标注完成之后企业进行简单检查，确定标注合格后付给对方相应的报酬。但是这种做法也存在一定的弊端，就是标注结果的质量问题，因为短期的外包人员没有全职员工的长期激励机制，很容易出现标注质量不好的情况，如果抽查的时候没有检测到这些问题，一旦后续进行模型训练时出现差错，会浪费大量的人力和物力，这也是现在大企业都有自己的标注团队的原因。

第四，具有“临时性”岗位的倾向。虽然现阶段数据标注非常重要，而且缺口也很大，但是很多企业在投入大量的人力和物力，探索各种方法来降低对人工标注的需求。如语音合成的标注，可以先用语音识别软件标注一遍，再进行人工检查。目前也有很多数据生成技术，可以人为地创造数据，如一个踢球的场景，我们可以用三维动画进行模拟，这样生成的动画可以视为已经标注好的数据。类似的技术虽然现在还不是很成熟，但是随着很多大企业和学术机构的大量投入，未来势必会有新的突破，甚至会出现利用人工智能的自动化标注技术，所以这个岗位在未来很有可能被取代。

第五，数据岗属于无法“下行”的岗位，即在AI领域没有比数据岗门槛更低的职位。算法专家可以下行改做工程，工程岗也可以下行改做数据，但数据岗没法往下走，所以我们在打算进入这个岗位时，就需要开始关注未来的职业发展。数据岗的特征如图4–12所示。

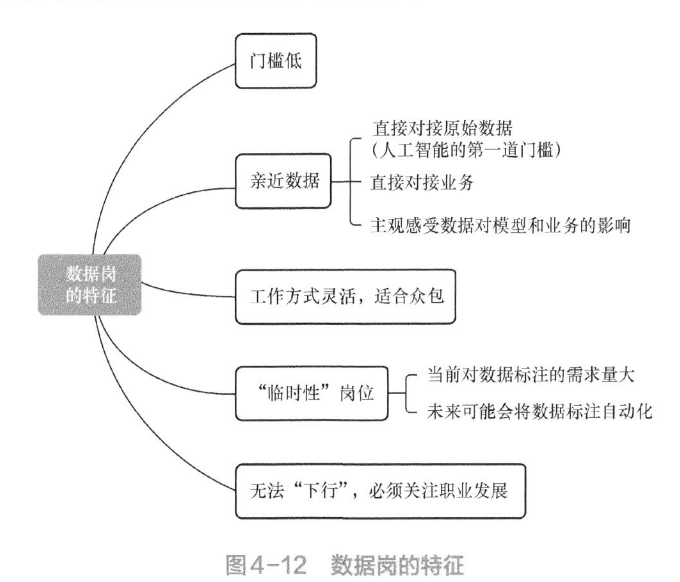

图4–12 数据岗的特征

4.4.4 数据岗的职业发展方向

数据岗主要有4个职业发展方向，如图4-13所示。

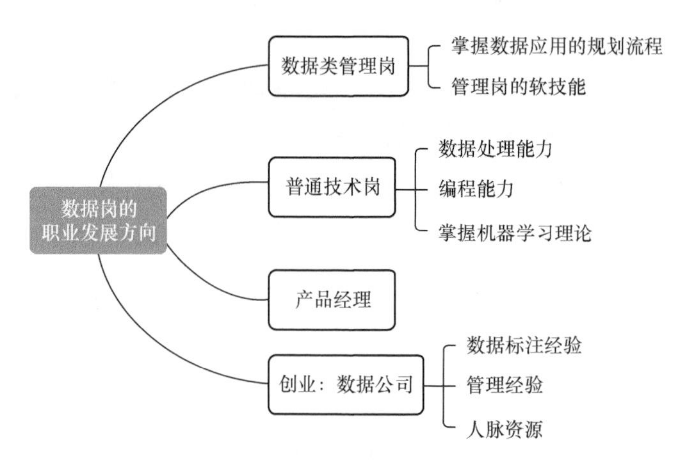

图4-13 数据岗的职业发展方向

第一个方向，直接进入数据类管理岗。数据类的管理岗非常重要，一个数据岗位的经理会管理一个标注团队，他的职责之一就是检查团队的数据标注质量。作为管理人员，其需要具备一定的软实力，如良好的沟通能力和领导能力。除了检测和领导团队，数据管理岗最主要的职责是进行数据应用的流程规划，即把数据进行切分后逐步进行处理。

第二个方向，沿着技术类的岗位上行，从做数据转向做工程，具体可以参考4.5节讲述的工程岗的相关内容。

第三个方向，转做产品经理。产品经理对于业务的要求很高，而数据岗本身要接触业务，所以其转做产品经理拥有一定的优势，具体可以参考4.6节讲述的AI产品经理的相关内容。

第四个方向，创业，主要指创立外包的数据公司。如果做数据的人在大企业中积累了很多数据标注经验和管理经验，有很多大企业的人脉资源，又有创业意愿，成立一家专门处理外包数据业务的公司也是一条很好的出路。

以上是数据岗的现状，这个岗位的长远目标是数据治理。“数据治理”这个词伴随着大数据的热潮被提出，表示在数据作为核心资源的情况下，企业通过整合和规划资源进行流程设计，即进行数据驱动下的企业分层治理。例如，现在在很多大企业中，工程师没有权限浏览所有的数据，一些敏感的用户信息只有经过处理才能用于模型训练，类似的一些数据处理方式都属于数据治理的范畴。

4.5 工程岗位

4.5.1 工程岗的工作内容

工程类的岗位包括两个方向：模型类和架构类。其中架构类主要是提供服务型的工具和开发平台，与人工智能领域算法岗和数据岗的关联不是特别紧密，所以本节主要介绍模型类的工程类岗位。

工程类岗位常见的招聘名称有机器学习工程师和深度学习工程师，还包括前面提到的NLP算法工程师。图4-14所示为一个NLP算法工程师的招聘启事。

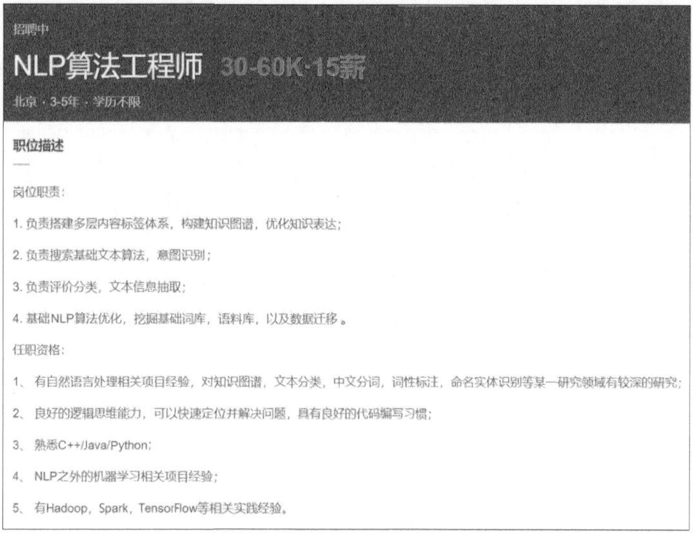

招聘中

NLP算法工程师 30-60K·15薪

北京 · 3-5年 · 学历不限

职位描述

岗位职责：

1. 负责搭建多层内容标签体系，构建知识图谱，优化知识表达；

2. 负责搜索基础文本算法，意图识别；

3. 负责评价分类，文本信息抽取；

4. 基础NLP算法优化，挖掘基础词库，语料库，以及数据迁移。

任职资格：

1、 有自然语言处理相关项目经验，对知识图谱，文本分类，中文分词，词性标注，命名实体识别等某一研究领域有较深的研究；

2、 良好的逻辑思维能力，可以快速定位并解决问题，具有良好的代码编写习惯；

3、 熟悉C++/Java/Python；

4、 NLP之外的机器学习相关项目经验；

5、 有Hadoop，Spark，TensorFlow等相关实践经验。

图4-14 NLP算法工程师的招聘启事

工程类岗位的职责分布很广，与算法类和数据类岗位都有一定的关联。在一些小型企业中，可能没有专门做数据和做算法的人员，那么做工程的人员既要实现一部分算法，也要自行进行数据标注；在大企业中，工程类的岗位可以称为人工智能领域的程序员，他们的主要任务是解决具体的实际问题，其中最核心的问题是模型本身，包括训练模型并让其达到相应的测试指标，而在训练过程中，也会涉及数据处理方面的工作。

数据处理本质上也是工程类岗位的职责，但是在不同的企业里所占比重也不相同。例如，在从事人脸识别的企业中，工程类的人员大部分在做数据处理。

另外，作为一名程序员，要对最终产品负责。在一些中小企业中，对程序员的要求可能不仅仅是构建一个模型，而是一款能完整运行的产品，所以产品开发也属于工程岗位的职责。工程岗的工作内容如图4-15所示。

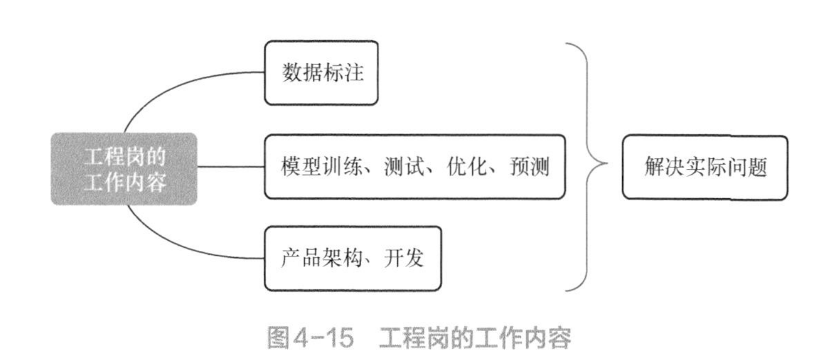

图4-15 工程岗的工作内容

4.5.2 工程岗的能力要求

对于工程岗位的能力要求，首先是具备软件开发能力，这是一名程序员最根本的能力。具体到产品开发过程中，需要注重三个方面：功能、性能和架构。软件能实现要求的功能是基本需求，在此基础上性能也要达标。例如，开发一款在线服务系统，如果反馈速度太慢，就算能够实现相应功能，用户也不会考虑使用这样影响效率的产品。在架构方面，尽管大的企业中有专门的架构师，但是普通的开发人员也要具备一定的架构能力，需要知道模块之间的关系，以及模块内部的联系。

除了具备作为普通程序员的能力，作为人工智能领域的程序员，还要掌握一定的关于机器学习和深度学习的理论知识，其中主要是机器学习的相关模型，如线性回归模型、贝叶斯模型等。

另外，工程岗需要具备一定程度的数学能力，当然这方面的要求没有对算法岗的要求高，只要具备大学工科水平的数学能力即可。工程岗也需要阅读论文，但是与算法专家阅读的前沿论文不同，工程师阅读的大多是一些经典论文，从中学习构造模型的方法，因此，其对论文中一些基本的数学推导要能够理解，如模型对应的函数是什么，算法的前提和结论是什么，这些都跟数学能力有关。

在掌握了理论之后，工程师需要把模型训练出来。模型本身有一个生命周期，例如，从最初数据的收集和标注开始，到把数据转化成一个向量空间模型，再提取特征方程，之后进行模型的训练和验证，最后通过多次改进和测试后上线，成为产品的一部分。在整个生命周期中，工程岗都参与其中。例如，算法专家做好产品的神经网络后，会让工程岗进行模型的训练，工程师使用数据集A得到的训练效果很好，但是到了数据集B的时候，训练效果突然变糟糕了，此时工程师就需要进行模型的优化改进，如检查数据集B相对于数据集A有没有新的特征，对应的算法应该作何优化等。因此，工程岗人员必须熟练使用编程语言及其配套的库。

另外，工程岗要了解模型的实际应用。例如，要做一种分类模型，就要了解模型是用于垃圾邮件的分类还是风控模型的分类，这很重要，因为不同的应用环境对于模型的要求差别非常大，所以了解各类模型的应用范围和特征十分重要。工程岗的能力要求如图4-16所示。

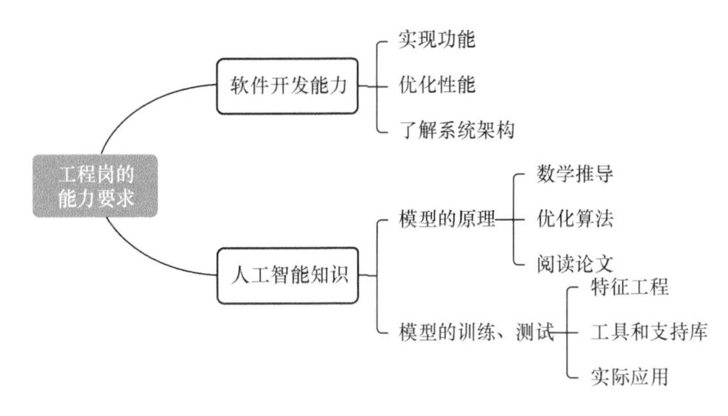

图4-16 工程岗的能力要求

4.5.3 工程岗的特征和职业发展方向

工程岗的门槛介于算法岗和数据岗之间，基本要求从业者具有相关专业的学士或硕士学位。一些较大的企业更倾向于招聘名校毕业生，但这并不是硬性要求。

另外，不同企业中的工程岗职责范围差别也很大。在大企业中，人员分工比较细，但是在中小企业中，工程岗可能会作为全能型人才存在，从算法到数据都要进行操作，这也就是所谓的“全栈”人工智能工程师。

从职业发展上来说，工程岗的发展选择比算法专家多一些，对于一名算法工程师来说，其未来可以继续发展成为一名资深算法工程师，也可以转做管理人员，或者上行成为一名算法专家，这三个都是比较好的发展方向。

4.6 产品岗位

4.6.1 一般行业的产品经理

产品经理在很多情况下被称作PM（Product Manager），但注意PM有时候也指项目经理（Project Manager）。产品经理主要负责产品的设计及整个团队的协调组织等工作，下面对其职责进行详细描述。

首先是产品调研和需求分析。假设要生产一款产品，产品经理需要在前期考察目前市场上已经有哪些相似的产品，市场需求如何等问题。

然后是产品设计。有了一个大概的方向和思路后，产品经理需要设计具体的产品细节，包含产品要满足哪些需求，应用在哪些场景，可能的目标用户是哪些群体，产品开发出来后通过哪些渠道进行发布，盈利模式如何等问题。

最后是项目本身的组织和协调，包括和开发者、管理层及顾客沟通交流，分配项目任务等。这些环节无论哪一个出了问题，都会影响产品的进度。产品经理的这些职责如图4-17所示。

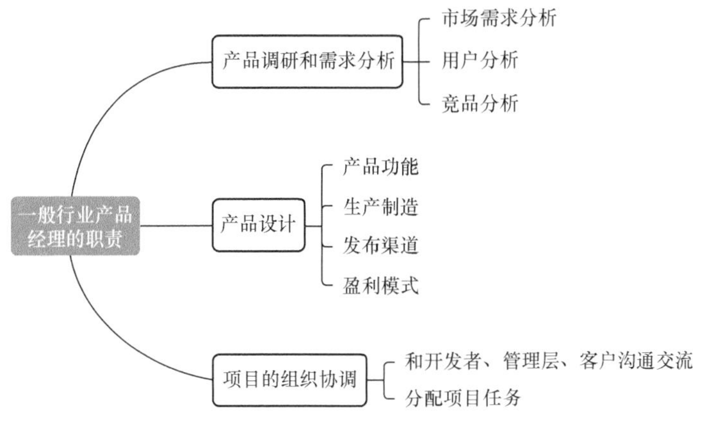

图4-17　一般行业产品经理的职责

4.6.2　AI产品经理的历史背景

我们先从大的历史背景和趋势上来思考：为什么会有“AI产品经理”这样一个岗位。

1. 技术背景

在AlphaGo先后打败了李世石、柯洁之后，大家都觉得AI好像已经成熟了。其实，AI之所以能发展到当前阶段，主要是由以下三个方面决定的。

（1）云计算

大家都知道计算机的发展史，最开始只有大型机，后来有了小型机，最后有了个人计算机（Personal Computer，PC）。无论是哪个阶段，单个机器的计算能力（简称算力）都是非常有限的，而云计算采取分布式的计算和存储，解决了算力的问题。

（2）大数据

人工智能已经发展了将近六十年，很多算法其实早在20世纪六七十年代就已经成熟了。但是一方面受限于算力，另一方面没有大量的数据作为训练集（输入），导致在大数据技术发展起来之前，人工智能一直没能大规模地爆发。

（3）算法——深度学习算法的成熟

在深度学习算法尚未成熟以前，图像识别、语音识别存在一些技术瓶颈，但是深度学习算法成熟之后，很多以前不可能实现的想法，现在只要算力足够大，并有大量的数据输入，就可以训练出比较完美的模型。

所以说，这波人工智能浪潮的爆发，基于以上三点——云计算、大数据和深度学习算法。这也是“AI产品经理”这个岗位产生的技术背景和时代背景。

2. 社会背景

中国自改革开放以来，各行各业都有了长足的发展。以前只要大家“胆大敢干”，就有机会获取丰厚的回报。但是现在不同了，“挣快钱”的时代一去不复返，取而代之的是各行各业的激烈竞争和产能过剩。

我国采取了一系列的策略来应对这些问题，其中重要的一项是希望各行各业进行产业结构升级，由低端制造走向高端制造，由追求数量转为追求质量，这样整个国家才有前途，整个社会才能得到良性的发展。这是当前我国所面临的问题，同时也是“AI产品经理”这个岗位产生的社会需求背景。

基于这样的社会发展需求背景，国家早在数年前就将人工智能上升到了国家战略层面。从前几年开始，人工智能相关企业在国内提交上市申请时，就有即报即审的优先策略。人工智能可以优先得到资本市场的支持，这也说明我国对产业升级的支持力度是非常大的。

如果参考第一次、第二次、第三次工业革命，到现在以人工智能为代表的第四次工业革命，历史的发展其实是循着明确的路径的：一是自动化，二是智能化。

我们会发现生活中一些场景越来越自动化，也越来越智能化。例如，无人超市；银行可以自动办理部分业务的机器；小区的自动门禁等。

在互联网产品上，智能化表现得更明显。例如，用户使用一些资讯类App的时间足够长后，App就可以知道用户的喜好，然后自动给其推送其所喜欢的内容。这在以前，以人作为编辑的时代是不可能实现的，因为这需要大量的人力。

整个社会的发展趋势，其实是一个“自动化+智能化”的大趋势。这为当前弱AI的成熟提供了社会需求背景。AI产品经理实际上就是一个把这种趋势变成现实的岗位。这个岗位的使命是运用AI技术来解决现实问题。

4.6.3 AI 产品经理的特点

1. 相比于一般行业产品经理的特点

与一般行业产品经理相比，人工智能领域的产品经理有些特殊。对于范畴明确、有通用解决方案的技术类产品，如人脸识别、语音识别等，人工智能领域产品经理的工作内容与一般产品经理类似，主要进行产品的包装设计；而对于有一定针对性的业务类产品，人工智能领域的产品经理需要参与产品的方案设计，并且要利用各种模型对产品设计进行分析。

人工智能领域的产品经理，可能会遇到一些一般产品经理遇不到的难题，如通用产品和定制方案的取舍，“炫酷”的技术和“可怜”的性能指标之间的博弈，以及与技术人员、老板和客户之间的沟通等。

面对这些难题，产品经理需要进行业务探索，寻求愿意共同投入的伙伴型客户，包括提供数据和技术的客户；此外，还需要掌握多向沟通能力，为技术人员和客户提供支持。

具体到日常工作中，人工智能领域的产品经理既要定义产品的功能，还要制定产品的评测指标，即如何去衡量人工智能产品的好坏。

另外，人工智能领域的产品经理还要管理客户预期，这是一个难度很高的任务。客户投入了很多的数据和业务指导，如果客户对最后拿到的产品不满意，这时候怎么办？其实从早期开始，产品经理就应该经常与客户沟通，把自己对于人工智能技术和产品方面的知识逐步传递给客户，让客户能够接受实际应用中的问题。

2. 相比于互联网产品经理的特点

（1）工作重心的差异

互联网本质上解决的是连接的问题。例如，微信解决了人与人通过互联网产品连接的问题；今日头条解决了人和内容、人和媒体人连接的问题；滴滴打车解决了乘客和出租车、快车、专车司机连接的问题。

AI领域要解决的是提升效率的问题。例如，今日头条背后所使用的推荐系统，在传统的互联网门户时代需要很多编辑每天来运营，第一条放什么，第二条放什么，第N条放什么，单纯靠编辑的感觉，而且所有人看到的内容是一样的，千人一面。编辑的“口味”可能符合甲的口味，但不一定符合乙和丙的口味。但是有了个性化推荐系统这个AI应用，就可以做到千人千面——每个人看到的都是自己感兴趣的内容。

以前花费大量人力物力都解决不了的问题，现在通过一个推荐系统，一个算法的大众化应用就解决了，大大节省了人力成本，提升了内容分发的效率。

例如，自媒体的内容如果放在门户网站通过编辑来分发，就会完全受制于“人”，很大程度上取决于编辑的能力甚至心情；但放在诸如“今日头条”这样的个性化分发系统上分发，只要文章受众足够多，就一定会分发得比较好，并不依赖编辑的感觉，比较理性和中性。从整体的内容库的角度来说，就是整体的内容分发效率提升了。当然，这种分发方式过于依赖群体偏好，从媒体的发展和社会责任角度来说，这不应该是最终的方向。

再如，目前AI在医疗诊断领域，如糖尿病诊断、心脏病诊断等的应用。大家都知道，优质的医疗资源有限，导致有些病人得不到最好的救治。AI在医疗诊断领域中的应用很多，如根据输入的历史数据生成模型，从而判断一个病人是否有糖尿病，有糖尿病的风险有多大等。

又如，以前虽然有各种摄像头，但是如果想通过摄像头来破案还是非常困难，因为没有足够的人手查看海量的视频资源。但是现在采用人脸识别或者步态识别等AI技术，就有可能快速解决这样的问题，不需要投入那么多人力，也不需要花多长时间，就可以快速锁定嫌疑人。这都是在解决效率的问题。

所以，传统的互联网产品经理始终在围绕着连接解决现实的问题，例如如何让人们更好地社交，如何让人们更好地阅读，如何让人们更好地出行。

而AI产品经理的工作重点则是如何不断提高效率，例如如何让内容分发更有效率，如何让人脸识别更有效率，如何解决医疗诊断的准确性等。

（2）目标用户的差异

传统的互联网产品主要面向用户（To Customer，ToC），即面向消费者和个人用户。

ToC业务的特点是讲究规模化。“羊毛出在羊身上”，先吸引大量的流量，然后通过卖广告，或者给游戏导流提取佣金——这运用的是规模效应，是总量的逻辑。很多服务都是免费提供给用户使用的，如百度搜索、微信、腾讯QQ、今日头条等都是免费使用的。

从本质上来说，AI带来的是生产力的提升，是社会效率的提升。就目前的发展来看，它和C端的用户关系不大。这也是为什么大家都知道AI来了，但是谁也不知道AI是做什么的。

目前AI主要还是面向商业（To Business，ToB），即为企业服务。

例如，即便“今日头条”是以推荐、服务起家的公司，但是推荐本身并不是直接提供给终端消费者，而是提供给内部的各款产品，如今日头条内部的抖音、火山视频、懂车帝、西瓜视频。这些产品共用一个推荐逻辑，共有一套推荐的基础设施，所以本质上也是一种ToB的服务。

更典型的ToB示例是图灵机器人，它给很多企业提供客服服务。

再如，最近国家对内容审核比较严格，有很多公司提供内容审核服务。这些内容审核服务会用到一些AI技术来做分词，过滤和构建模型，排除敏感词等各种有问题的内容等。这些服务主要提供给媒体企业或者自媒体，C端客户不太能感知到。

（3）对产品经理技术要求的差异

互联网产品经理，尤其是创业潮时候产生的大量产品经理，基本不懂技术，且各行各业的人士都有，如从事生物研究、外贸、化工、工业设计，甚至美术的。

不懂技术为什么又能做产品经理呢？这是因为当时的大环境正处于互联网流量红利期，无论做什么产品都容易成功，懂不懂技术不重要，重要的是必须知道用户想要什么。所以那个阶段的互联网产品经理比较偏用户体验，关注的重点是功能做得好不好，交互体验做得好不好，文案写得美不美，是不是解决了刚需，其他问题并不太重要，交给工程师解决就可以。因此，当时的产品经理稍微懂一点技术，如了解服务端和客户端的通信机制，基本上就能解决大部分产品设计问题了。

但是到了AI时代，如果一位AI产品经理不懂AI技术，他就什么也做不了。AI产品经理需要搞明白：

- 机器学习、深度学习的原理，迁移学习、强化学习都有什么用途；
- 什么是特征，包括图像特征、情感特征等各种各样的特征；
- 各种算法，如做推荐系统，需要懂得协同过滤、最新最热等常用的推荐算法……

总之，AI产品经理需要懂很多技术，才能知道客户的需求如何通过AI来实现，且生成的产品可行可靠。

3. AI产品经理在哪些领域里更可为

更容易与AI结合并落地、应用得比较好的领域，是一些业务导向强、变动大的领域。这些领域因为在AI技术之上还需要搭建业务层的应用，所以更需要AI产品经理。举例如下。

（1）现在的推荐系统，只有算法还不够，还需要了解整个互联网行业领域的应用，需要对业务有深刻认知。如果你正在做一款电商类的产品，那么就需要知道选择什么商品，推给哪些用户——需要将业务足够抽象化并形成业务层，再往下才是技术层。

（2）一些比较场景化的产品，如通过京东或者支付宝接口从事保险或者理财推销的智能客服，其实是将销售的售前服务进行线上化。这类产品针对垂直领域，以业务为导向，需要AI产品经理对业务和销售均有所了解，然后不断地调优。

（3）对于机器人领域，因为不同机器人的应用场景不一样，所以也是业务层比较重要的AI应用领域。例如银行的机器人可能需要证件识别、业务办理指示等功能，而小区或者园区的巡逻机器人可能更需要人脸识别、定位导航等功能。

像上述这样的产品都非常需要AI产品经理。

4.6.4 AI产品经理的工作内容

AI产品经理的工作内容主要包括以下3部分。

（1）和算法工程师沟通，了解如何通过算法来满足客户的需求。

（2）了解和挖掘客户需求，知道客户的关注点在哪儿，以及如何用更好的方式为客户解决问题。这可能需要AI客户经理自行与很多业内人士沟通，把需求吃透。

（3）通过产品化的方式而不是外包的方式来解决问题。

产品化的方式跟外包的方式之间最大的区别是：产品化可以规模化，可以解决通用的问题；而外包，每个客户都有不同的特点，需要定制化地给出解决方案。

如果采用外包的方式，用户的成本始终降不下来，同时AI行业的人才又非常昂贵，因此非常不划算。

4.6.5 AI产品经理的能力要求

一个合格的AI产品经理至少需要拥有三方面的能力：拥有技术知识，理解客户需求，具备产品设计能力。

1. 技术知识

首先，在技术上，人工智能领域的产品经理应当熟悉机器学习和深度学习的一些基础原理。例如，不同算法模型分别应用于什么领域才能达到比较好的效果；不同算法模型分别需要用到哪些特征，这些特征如何筛选；具体的调优手段（如数据处理）对产品整体效果会有哪些提升，最终会体现在哪里等。

其次，人工智能领域的产品经理要对数据有基本的了解，如数据从哪里获取，有什么类型的数据，获取数据之后如何操作等。这是因为它们与工作直接相关，如果数据的问题无法解决，设计出来的人工智能产品也不可能有好的效果。

最后，人工智能领域的产品经理应熟悉相关法律法规和国家政策。目前各国都越来越重视对于数据安全和个人隐私的保护，国内外相继推出了各种法律法规，这样就使得获取数据变得更加困难。作为产品经理，要时刻关注法律法规的变动。另外，从事人工智能产品开发经常会用到各种各样的开源工具，人工智能领域的产品经理要了解开源的各种协议，包括开源软件和公开数据集的使用协议等。

2. 理解客户/用户需求

现在很多ToB的AI应用，其实只是一种B to B to C的应用——虽然面向的是企业客户，但是最终使用产品的是个人用户。即最终的用户不付费，但是他通过各种方式来帮助企业挣钱。

这样就要求AI产品经理要理解企业的客户需求和运作机制。例如，分层决策，真正使用一个系统的人可能并不是真正决策要使用该系统的人，也许决策要使用该系统的人是一个管理层，而真正使用该系统的人是一个执行层。了解了这些，才能知道要做什么，有的放矢。

3. 产品设计能力

AI产品经理的价值在于“造轮子”——在满足客户需求的前提下，通过产品化的方式把AI应用落地。

目前AI常被诟病的一点是很多AI应用无法实际落地，

或者商业逻辑走不通。

然而，以ChatGPT为代表的类AGI（Artificial General Intelligence，通用人工智能）模型的兴起，为每一家企业和个人提供了应用人工智能的可能性。当此之际，将AI/AGI迅速应用于垂直领域很可能成为企业的先发优势，从而成为行业的引领者。

对于AI产品经理在产品设计能力方面的具体要求，最根本的是学习能力。身在一个发展很快的领域，无论从事什么岗位，都要有足够的学习能力。同样重要的还有沟通能力。人工智能领域的产品经理每天做得最多的就是协调和沟通——辗转于技术人员、老板和客户之间，如果没有很强的沟通能力，很难从事这项工作。另外，人工智能领域的产品经理还要具备行业调研能力和产品定位能力，能够通过调研发现市场需求，思考项目与产品之间的定位关系。这两者都需要以行业洞察力为基础，因为人工智能可以应用于金融、医疗、教育和自动驾驶等很多领域，在每个领域其都有各自不同的趋势和形态，所以AI产品经理需要细致地去了解这些内容。

第 5 章 从校园到职场

5.1 明确职业目标

当我们考虑进入一个行业时，要做的第一件事情就是了解行情，如行业的发展现状、未来的发展趋势、岗位设置及所需要的技能等。

除了这些行业整体因素，我们也需要了解行业中有哪些知名企业及企业的大致类型，如对于互联网行业，我们首先想到的就是我国的BAT及美国的Google和Facebook。对于人工智能行业，国内除BAT以外，在几个不同的领域，如语音、图像方面都有一些独角兽企业，这些企业可能成立时间较晚，但是已经非常引人注目，在整个行业里面都是举足轻重的存在，如图像识别领域的商汤科技、旷世科技、海康威视、大华等企业，它们在专业领域都有很长时间的积累；从事语音方面的科大讯飞也是一家有独到之处的企业。

另外还要了解行业的一些代表性人物，如在人工智能领域，Yann LeCun、Geoffrey Hinton和Yoshua Bengio都是代表性的人物。在人工智能行业，很多企业会聘请各个领域的专家，这些专家不仅包括商业开发方面的人才，还包括学术研究方面的人才。

最后要对知识技能有所了解，如机器学习和深度学习，它们都是当前人工智能领域中最主要的技术之一，如何学习这些技术及具体学习哪些内容，我们已在第3章有过介绍，其重要性不言而喻。

了解行情之后，我们就需要确定自己的职业目标。如图5-1所示，人工智能行业中的职位至少可以从四个维度进行分类。

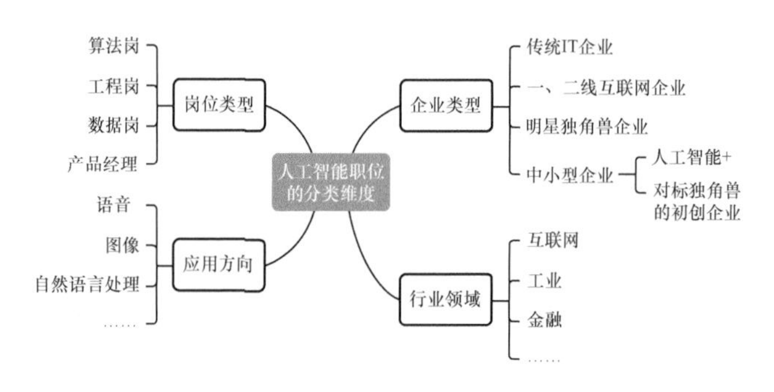

图5-1 人工智能职位的分类维度

第一个维度是岗位类型，在人工智能领域，岗位类型差距很大，因此我们要先确认目标岗位类型。

第二个维度是应用方向，现在人工智能的落地点主要是语音、图像和自然语言处理。

第三个维度是企业类型，首先是传统IT企业，如微软、联想等，这些企业内部都有人工智能相关的部门；其次是一、二线互联网企业和明星独角兽企业等；最后是中小型企业，这类企业又大致分为两个方向，“人工智能+”和对标独角兽的初创企业，其中“人工智能+”指教育、医疗和金融等研发非计算机领域的人工智能产品的企业，初创企业则多对标独角兽企业，从事的是计算机领域的人工智能应用。

第四个维度是行业领域，包含传统互联网行业，以及做“人工智能+”产品的工业、金融等行业，读者要自己判断，是选择比较成熟的领域还是新兴的领域。

在准备求职之前，还应该确定一下对工作岗位的自我预期，包括入门岗位的具体工作内容，企业中有没有学习机会，未来的职业发展如何，企业文化如何，以及薪酬福利范围，这些要素的优先级也很重要。

同时还要正确认识自身的价值，包括自身水平、意愿和追求。即我未来到底想要什么，目前处于什么水平，离想要的东西有多远，为了达到想要的那一步，中间需要什么等。这些都是准备阶段需要考虑的问题。

5.2 磨炼专业技能

当我们明确了在人工智能行业的长期和短期目标，有了一个比较具体的切入点之后，就要针对这个切入点去搜集相关岗位的招聘信息，并针对这些岗位的要求准备知识和技能。

磨炼技能时需要制定学习计划，包括短期和长期的学习计划。短期的学习计划针对入职本身，假设对入职已经有了一个明确的切入点，此时只需要针对这个切入点复习所需的知识和技能即可。在这个过程中，注意要制定详细的时间表，如从今天开始学习，什么时候开始正式求职，什么时候开始投简历，这些节点一定要规划清楚，否则会浪费很多时间。对于长期的学习计划，我们不可能一下把所有的知识点都学完，所以要先把知识技能模块化，再逐个击破，另外要用好流水线式的学习方法，同时学习不同模块的不同阶段，这样对脑力分配有一定的帮助。

除了制定学习计划，还要制定学习内容，主要包括以下3个方面：一是知识和技能本身，这部分内容在第3章中有详细叙述；二是行业信息和前沿技术的变化，这类信息很容易通过发达的媒体渠道获得；三是实践，一定要亲自动手实践，多参加具体的项目和竞赛。

在明确了学习内容后，还要对具体的学习内容设置时间节点，如制定一个“学习15个机器学习模型”的计划，要明确每个模型用多长时间来学习，每个模型具体的完成时间是哪天等。

学习方式有脱产和不脱产两种，具体选择哪种方式要结合自身实际情况，如脱产后的生活费用来源等。

开始学习后，要学会做笔记，并在学完一部分内容后给自己留适当的作业，考察知识的掌握情况，还可以通过给自己设立奖惩体系的方法来提高效率。在学习过程中，要注意及时调整学习计划，合理安排学习进度。

为了提高效率，在学习的过程中，可以考虑跟有共同学习需求的人进行交流，但交流的内容切忌假大空，要讨论一些具体的技术，如现在有几千个样本，里面有一些损伤，应该怎么去整理这些数据，让其依然可用。

此外还要注意知识分享，对学到的知识，可以尝试着去分享它。这样不仅能检验自己，也可以通过他人及时发现自己的问题所在。

5.3 积累人脉，构建个人品牌

5.3.1 积累人脉

我们在磨炼自身技能的同时，还有一件事情的重要程度丝毫不比磨炼技能差，那就是积累人脉。

什么是人脉？对此可能没有一个特别严格的定义。从直观上来看，人脉大概指可以帮得上忙的联系人。那么具体到在人工智能行业求职，人脉的作用又是什么呢？

人脉最直接的一个作用是企业内推，其实在绝大部分行业和领域都是如此，如果内推有效，你得到面试机会的可能性比自己直接投简历要高得多。还有一个作用是，假设你在职业发展中遇到了一些问题，或者你的某款产品存在问题，渴望得到指导时，人脉也会起到职业导师的作用。另外，良好的人脉还可以为你带来潜在的合作者。

如何积累人脉呢？总体来说有两种方法：构建人际关系网络和构建个人品牌。

首先是构建人际关系网络。想要得到人工智能行业内部从业人员的帮助，首先得认识他们，然后才可能和他们建立联系。对于没有工作经历的个人或刚毕业的应届生，又或者刚准备转行到人工智能行业的其他行业人员，在没有现成的人工智能行业联系人网络的情况下，该如何从头构建人际关系网络呢？主要有两条途径：一是拓展现有的关系网，如通过认识朋友的朋友，与更多相关的人建立联系；二是主动结交新联系人。具体的渠道大致有三种，第一种是通过求职社交平台，如LinkedIn，它是较早出现的职场社交平台之一，人工智能行业中的很大一部分从业者和这个平台的用户重合，所以如果我们有LinkedIn账户，可以直接在上面搜索一些企业及行业“大咖”，关注他们的动态，或者通过投稿的方式让企业能够看到你的作品，这是对职场社交平台的一种利用；第二种是可以通过参加行业会议了解人工智能行业的发展，现在这方面的会议很多，要注意分辨含金量；第三种是通过问答式的知识分享了解人工智能行业的发展，我们可以一对一地向行业内部人员提问，这是最直接的一种方式。

职场的人脉可以分为两个维度：职场影响力/声誉，以及职场人际关系。前者反映了职场中对一个人的劳动成果、人品，以及个性的综合评价。后者则是一个人和与他相关的职场中人之间的关联程度——是形同路人纯粹公事公办，相处友好，还是沟通有障碍等。简单而言，影响力一般直接取决于一个人是谁，拥有怎样的职场价值；而人际关系则更多在于这个人如何对待其他人。

在温情脉脉的表象下，职场人脉的核心其实就是，想要得到你想要的，就得给别人他们想要的——至少要让别人相信，你能给他们他们想要的。因此，职场人脉的核心和基础，实际是你本人的职场价值，即你能够对他人解决他们的问题起到作用。个人影响力是这种价值的直接体现。

不过，人际关系在很多情况下还是能够有所帮助的。毕竟，一个平时热心助人的人，和一个“两耳不闻窗外事”的人，即使职权、工作能力相似，受欢迎的程度还是差别很大的。当遇到他人“本分管不着，情分却可以管”的事情的时候，两者得到的支持自然也不同。

职场人脉可以分为以下三个层级。

（1）核心网络（core network）：其中的节点（他人）对于中心节点（你本人）的人品、性格、各项能力等有着深入的了解与信任。在必要时，前者可以为后者提供有力支持。

（2）扩展网络（extended network）：其中的节点对中心节点的职场声誉有一定的间接了解，一般通过熟人获知。在有条件的情况下，前者愿意为后者提供诸如推荐、引荐之类的帮助。

（3）外延网络（peripheric network）：其中的节点对中心节点的成就（公众知名度）具备一些符号化的了解。前者作为一个群体可能会受到后者的影响，但其中个体对后者提供直接支持的可能不大。

举个例子：对于一名在IT类企业从事技术工作的工程师而言，其核心网络主要由曾和他一起共事的其他工程师和直接管理者组成；扩展网络则主要由在同一家公司其他团队或部门工作过的同事组成；外延网络则可能由听过他技术分享的人，在网上读过他文章的人，或者仅仅是听说过他所做的产品或所在公司的人组成。

图5-2分别展示了职场新人、有一定资历的普通员工和业务骨干的职场人脉，其中圆形的大小表示对应层级网络中节点的数量，而颜色深度则表示其具备的社会能量。

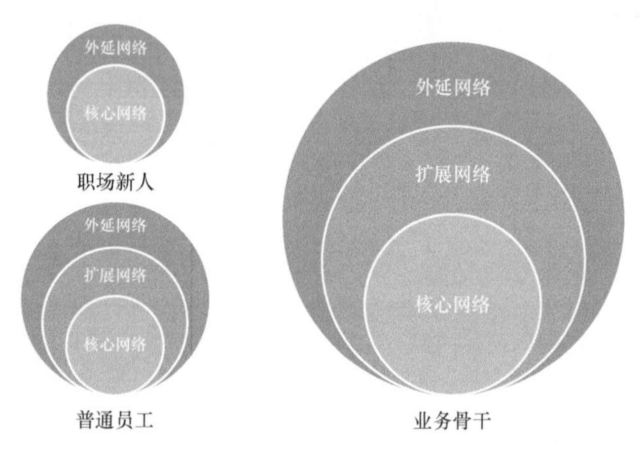

图5-2 职场人脉

5.3.2 构建个人品牌

构建人际关系网络之后，还要构建个人品牌。我们为什么能够和他人构建一种互利互惠的关系？因为我们本身有自己的价值，可以用来和他人交换，这也是稳定的交互关系的前提。如果我们仅仅是有兴趣，自身却无法贡献任何资源，这时我们可能会得到一两次指点，但是不可能和别人建立良好的人际关系。所以最关键的是要向他人证明自身的价值。

但作为一名行业外的人，如何向行业内的人证明自己的价值呢？这就涉及价值如何体现的问题。人的价值一部分靠专业知识技能来体现，另一部分则靠个人的基本素质，即人品来体现。虽然我们现在只是一名准备入行的人，还是一个学习者，但是学习者和学习者之间也有很大差异，其中有积极分子，也有“投机取巧”的人，我们所发表的每个言论或者和他人的每次交互，都是在给自己打标签，这个标签的好坏是由自身的言行决定的。如果可以证明你是一个很靠谱的人，非常愿意学习，也有学习能力，只不过现在还没有取得很多成果，一旦给对方留下了很好的印象，未来也会有很多机会，所以注意一定要给自己打上积极的标签。

那么我们如何给自己打上积极的标签呢？如果我是一个阳光向上、虚心求教的人，我怎么能让别人知道我是这种类型的人呢？最直接的方法就是通过职场社交平台直接向业内人士求教或者参与讨论，在这种情况下，你是一个什么样的人，别人自然而然就清楚了。这个时候，会提问题也是一个很关键的因素。作为一名程序员，我们也可以在职场社交平台上多发表一些自己的项目或比赛经历，这些经历一方面是技术能力的证明，另一方面也是学习态度的展现。

另外，我们还可以通过和业内人士合作来构建个人品牌，如通过企业实习、帮老师做项目、分享所学知识等。在这个过程中，我们可能会认识更多求学的人，可以共同进步，乃至引起一些业内人士的注意，从而有利于人脉的积累。

5.4 招聘类型

5.4.1 校招

很多企业都会在每年的毕业季展开校招，其大致流程如图5-3所示。

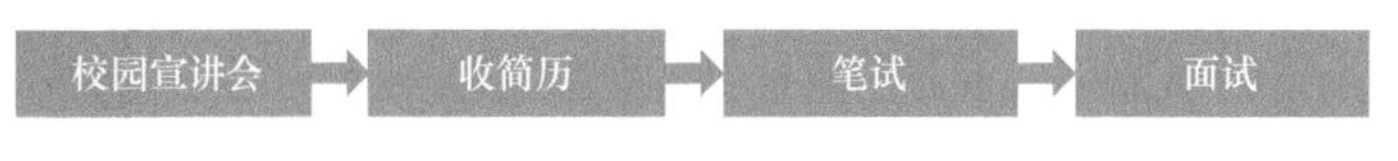

图5-3 校招的基本流程

笔试不是每家企业都有。如果有的话，一般笔试题会比较难，这样做是为了减小通过的比例。如果笔试能够筛掉大部分应聘者，那么面试压力就会小很多，这样对于简历的筛选也就不会太严苛。

对于面试，虽然不同企业的具体安排不尽相同，但是大多会将面试官和面试者分组，一组面试官（一般3～4人）针对一组面试者（10～15人），进行交叉面试。下面看一个具体的示例。

某公司某年校招的目标是招聘25名应届毕业生作为初级工程师进入软件部门工作。所有参加面试的人员大概有一百人，都是已经通过笔试的应届生，其中绝大部分为硕士毕业生，极少数为本科生或博士。这些候选人以12人为一组；面试官以3人为一组，其中每组包括2名工程师和1名管理层。

首先，这12名候选人会每人接受两轮技术面试，由面试官中的工程师完成；一轮管理面试，由管理层完成。

每名面试官在面试的时候，都会给候选人一个0到10的具体评分，如7.2、8.5，汇总的时候，根据给出的3个评分共同拟定一个分数，并据此将候选人划分为4个等级：强烈推荐、推荐、存疑和不推荐。

之后，3位面试官在各自面试完所有12名候选人之后将结果汇总，共同商讨出一个名单，名单中的候选人按分数由高到低排列。

大多数校招没有岗位针对性（除非特殊offer）。例如，某公司今年要招聘100名应届毕业生，那么一般只有一个粗略的计划，如招聘完成后，按什么比例将这些毕业生分配到不同部门。

因此，校招大多是先挑人，只要头脑灵活、专业基础扎实、态度良好就足够了。面试官和被面试者一般不存在预计的共事关系，很可能仅仅只有面试的一面之缘而已。

5.4.2 社招

和校招相反，社招恰恰是因岗择人。社招的候选人很多都是同行业其他公司（尤其是竞争对手）的在职人员。具备工作经验的人寻找工作，一定是详细了解了某个职位描述（job description），发现工作内容是自己愿意从事的，能力要求是自己能够达到的，才会主动投递简历。到了面试阶段，面试官很可能就是未来团队的同事或直接领导。

这些特征导致了社招的每次面试通常是1名候选人被多位面试官依次面试。面试官通常在3～5人之间，也是技术加管理的组合。

有些企业在正式面试之前，还会安排一到两轮电话面试，作为初筛或者和面试官远程交流的过程。

在社招的过程中，如果前面有2或3位面试官共同认为某个候选人不够资格，则后续管理者面试环节会直接取消。

如果你在准备社招面试，那么应注意对方HR所提供的面试流程。如果本来安排了3场面试，但是只进行了2场就让你回去，那么基本就没希望了。

如果预约了3场面试，并且真的只面试了3场，那一般也不会有特别好的结果。如果预约了3场面试却实际进行了4场或5场面试，则有可能候选人的反响不错。被面试的轮数越多，每轮的时间越久，说明招聘方对候选人越感兴趣。

5.4.3 内部推荐

除了直接投递简历，还可以通过内部推荐的方式进行求职。内部推荐就是由企业内部的人员推荐求职者，这样能够提高入职概率，因为很多外投简历在初筛阶段就已被过滤，而内部推荐可以直接让简历进入管理层手中。

内部推荐分为两种：有效的内部推荐和无效的内部推荐。

什么样的内部推荐有效？一种是招聘岗位所属团队里的成员进行推荐。假设企业中某个团队需要招聘人才，若是该团队中的某个成员直接拿着被推荐人的简历去找经理当面推荐，这时经理肯定会查看简历，如果觉得还不错，可能就会给被推荐人一个电话面试或者网络面试的机会。另一种是HR的一阶联系人或HR直接推荐，这种方法相当于更快地通过了初筛，也属于内部推荐。而猎头或该企业中其他团队成员的推荐则未必有效，因为他们本身对招聘岗位所属的团队不够了解，所以他们的推荐没有太大的实际意义，属于无效的内部推荐。

5.5 叩响人工智能行业之门

5.5.1 简历

经历了前期的准备阶段，正式求职阶段需要注意哪些问题呢？

首先是准备简历，简历的内容除了必要的基本信息，学术背景和工作经历对IT技术类的岗位来说也非常重要。另外，对于人工智能领域，项目实践也是重中之重，它是简历筛选时的一个非常关键的因素。此外，简历还应包含一些辅助性信息，如学术和专利成果、所获荣誉（含金量较高的竞赛获奖证书）等。

确定简历内容后，在撰写简历时也有一些事项需要注意，其中最核心的是简历内容本身的价值远大于形式。一份简历之所以能成为亮点，并不在于版面的“花哨”和“漂亮”，而在于个人的成果及经历的优秀和适配，特别是人工智能行业中某些对技术要求相当高的岗位更是如此，所以最关键的还是简历内容一定要真实，要详略得当、突出重点。

简历一定要便于阅读，能够让人迅速找到其中的关键点和亮点，所以建议把工作经历和成果按时间倒序排列，这样看起来更直观。版式要整洁，内容排列要清楚，版面上的颜色不要太多，相同内容的字体和字号应尽量统一，建议参考一些优秀的简历模板。此外，不要让猎头改动简历，最简单的一个办法就是把简历保存为PDF文件。

关于简历内容的组织，建议大家参照领英（LinkedIn）网站提供的简历模板。该模板基本覆盖了一个人职业属性的各个方面，对于IT从业者尤其适用。下面就以此模板为例介绍简历各部分的写法。

（1）基本信息——姓名、联系方式等。给出这些信息是为了方便企业找到求职者，职系方式的字体可以相对小一点，姓名可用稍大一些的字体。

建议选用职业化的联系邮箱地址，最好有些技术意味（例如Gmail、Outlook、iCloud）。邮箱名最好是求职者的全名或者英文名，如果重名，可加上生日或者手机尾号，不建议使用个人交友邮箱，用人单位若看见求职者的邮箱名为nayimofengqing或者yundanfengqing233，有可能第一时间淘汰求职者的简历。

（2）个人总结和技能（summary & skillset）——个人总结部分当然要写优点，但务必简洁，不要长篇大论；个人技能部分可以仅列举自己熟悉的各种技术或工具的名称，也可以按照掌握程度（精通、熟练、知晓等）分类列举。

个人技能对于一名IT技术人员很重要，建议写一些比较“大”的技能，如C、Java、Hadoop调优、Linux Driver开发、分布式系统架构之类的，至于会使用grep、sed或IDE就不必写了。

（3）工作经历——罗列至今为止的工作经历，最好按时间倒序排列，要写清楚工作时间、公司名称、职位名称，以及在其中所负责的项目。

“项目”板块一定要简洁，最好每个项目不要超过两句话，关键要写出每段工作的产出和结果，还可以适当写上各个项目所使用的技术。一般有经验的人通过你的项目产出和所用工具技术就能大体了解你的技术水平，如果有兴趣进一步了解会在电话沟通或者面试的时候直接询问，不必在简历上浪费篇幅。

每段工作经验的时间节点和衔接程度很重要。如果两份工作之间间隔了几个月或更长的时间，那就要提前想好怎么回答这段时间去做了什么。

离开以前公司的理由不用写在简历上。如果跳槽不是很频繁，一般招聘方只关心最后一次为什么离职，而且会在面试时提问。

过于频繁地换工作很致命。如果频繁地换了几份工作，且每份工作之间没有什么关系，这种求职者会被认为是对自己没有规划，一般很难通过简历筛选。

在一家公司内部获得晋升，比通过跳槽获得晋升的含金量更高。如果有内部晋升经历，一定要在简历里写明。

（4）教育背景——写明博士、硕士、（双/多）学士学位都是在什么时候在哪所学校哪个专业获得的。辅修学位如果与求职内容相关，也可以列举，不过不要期望太高。

教育背景部分仅需列举大学及以上学历，并且培训证书和国家承认的正式学历不要混排。笔者确实曾经看到有求职者把培训的所有资格证和本科学历等排列在一起，不仅阅读起来不方便，而且让人感觉此人不知轻重。

（5）发表作品、竞赛经历和荣誉证书——注意含金量和与求职的相关性，相关性又包括专业领域和时间两个方面。

例如，求职技术类岗位，可以列举一些与计算机有关的学术文章、技术类专利、算法竞赛获奖证明等，而写过的小说散文就不要作为作品放在简历上了。

写上述内容只是为了加分，即使求职者有很多，写2～3个真正具有含金量的也就足够了。例如：

- 如果参加过ACM国际大赛或者其他知名赛事，并且取得了较好的成绩，可以写上；
- 如果在StackOverflow、Stack Exchange上积分很高，可以写上；
- 如果Topcodder排名很高，可以写上；

- 如果把《算法导论》一书中的习题全做了一遍，并把代码放在了GitHub上，也可以写上。

当然这一切的基本前提是真实。

切忌罗列几十种在外界眼中并没什么价值的证书。例如，不要写和所申请的岗位或行业领域无关的内容，非应届生也不要写高中获得过省、市（哪怕是全国）三好学生等信息。

此外，应届生和在校生在简历上应尽量避免列举常规课程。

如果求职者本身就是计算机专业的，应聘的又是IT工程师岗位，就不用列举你学过的计算机课程了；如果是其他专业的求职者，又没有任何工作经历、实习经历，希望应聘IT工程师岗位，那么可以写自学了哪些计算机核心课程，如数据结构、编译原理、操作系统，其他非核心课程也不必写了。

而且，如果要写课程，只写上课程名称会显得非常单薄，最好包括实践部分。

例如，如果你在学习操作系统课程时自行编写了一个操作系统，实现了boot、launch、CPU/memory/IO management，并给自己的机器写了network、storage driver，那就可以写在简历上，并将相应代码放到GitHub上，附上链接（注意，采用这种方式一定要让人能访问代码，不然很可能被认为造假）。同样，如果你在学习编译原理课程时写了一个编译器，也可以这样展示出来。

准备好简历后，就要开始锁定具体的职位了，此时要具体到某家企业。一般招聘网站或企业的门户网站上会有详细的招聘信息，大型企业还会有自己的招聘专栏，我们可以通过这些渠道获取目标岗位信息。其中要注意岗位门槛和用人要求的关系：一般岗位门槛越高，对候选人的能力要求也会越高，而对候选人“态度”的要求会越低，这里的“态度”指候选人对职位的兴趣度。

锁定职位后，要仔细了解招聘企业，挖掘岗位真正的预期招聘对象和要求，如学历和工作年限的要求、对编程语言的要求，更深层次一点，还要了解该岗位处在什么样的团队中，这个团队开发的产品怎么样，产品对应的功能是什么，产品处于生命周期的哪个阶段等。

对这些问题，最好能够和负责招聘的HR直接沟通，也可以咨询一些业内人士，这样能够更好地了解企业及企业的预期招聘目标。

5.5.2 面试和笔试

如果简历通过，成功收到面试或笔试通知，这时候我们还要做哪些工作呢？

首先应该研究要应聘的岗位，搞清楚招聘企业的关注点是什么。一般对于人工智能类岗位，企业最基本的关注点就是求职者是否具备学习能力，因为人工智能领域属于新兴领域，发展非常快，涉及的工具和技术也变化得特别快，因此无论求职者将来从事什么工作，企业都会希望求职者具备很好的学习能力，企业在面试的时候也会对这一点进行重点考察。

对于算法类的岗位，企业一般希望求职者能提出端到端（end to end）的问题解决思路。例如，一家金融类企业希望发现自己交易平台上的违规交易，那么在笔试或面试的时候可能就会给求职者提供一些必要的数据，然后要求求职者提出一个解决思路。

对于工程类的岗位，企业一般关心具体技术的应用问题，例如会不会使用Python或者C++，或者给出一个有缺陷的模型让求职者改进。这类职位对求职者的实践要求比较高。

了解了企业的预期后，就要准备具体的面试和笔试了，可以从三个方面着手：首先，应掌握机器学习和深度学习的理论知识，包括一些常用的模型和算法，以及它们的应用范围；其次，对于工程类的岗位，编程能力和基础算法能力很重要，毕竟作为一名程序员，要具备基本的代码编写能力，另外需要注意的是，笔试时编程题不要滥用算法，否则可能会弄巧成拙；最后，需要准备的是项目经历，求职者一般都可以从容应对这部分内容，但有时候会出现遗忘的情况，所以面试前要回顾以前做过的项目，否则会让人以为存在项目造假行为。

面试时的考察点主要有三个：一是求职者是否愿意从事这份工作，这是个人工作态度的问题；二是求职者是否有能力承担这份工作，这是个人能力的问题；三是企业的招聘团队自身会考虑他们是否愿意和应聘者一起工作。

面试时有一些基本注意事项。首先，要衣着整洁，准时到达，这是基本的礼貌。其次，要注意面试时的态度，要实事求是，适当表达自己的意愿，同时也要做到谦虚恭敬，不能狂傲自大；在描述具体项目时，既要详略得当，也要经得起深挖。

对于考察编程或者算法的笔试，要注意答题要领，首先陈述答题思路，然后提交完整且正确的代码，代码要注意功能和性能兼顾，这样才能更好地符合要求。另外，动态规划很容易被滥用，所以要尽量少用。

接下来，我们将从抽象的层面来讲解，面试官是如何将考察点转化为具体的题目的。

在意愿、软技能、硬技能这三类考察点中，到了面试环节，面试官准备的考察题目一般是针对硬技能的，另外两者则是通过一些开放问答和讨论，以及交流过程来获知。

硬技能的考查题目，不同公司思路不同，但大致可以分为考技术细节和考算法两种套路。

- 对于技术细节，面试官会考察一些编程语言、工具、系统等的细节，以此来测试面试者对技术的熟悉程度，从而推断面试者的实战经验；
- 对于算法，面试官会要求面试者编程实现某个（或某些）特定的算法，而且一般会要求面试者写在纸上或者白板上，这样没有IDE提示也没有运行结果，更能考验面试者的逻辑和编程能力，从而判断面试者对基础理论的掌握程度和逻辑思维能力。

虽然不能一概而论，不过大多数情况下，急于用人的小型企业会倾向前一种考法，而在文化上愿意给员工成长空间的大型企业则会倾向后者。

另外，着重考察技术细节的企业多数对编程语言有硬性要求，希望面试者入职就能熟练运用某种语言；而注重算法和逻辑能力的企业，看重的是求职者的学习能力，大多不会太纠结面试者当前掌握的语言类型。

对于面试者的代码中是否存在bug，以及如果有一些细小bug如何处理（提醒面试者修改？直接忽略？或者认为很严重以此判定答题失败？）的问题，在面试官中也存在争论。即使是同一家企业、同一个团队、针对的技术领域相同，不同的面试官在处理具体情况时也可能相差较大。

我们可能觉得面试题目是有标准答案的，面试官好像只要事先出好题，现场对答案就行了。但实际上没那么简单，因为面试者们强大的应试能力，已经在一定程度上把面试题目变成了考记忆力——许多人在网络上搜集各种面试题集和答案，然后强行背下来，专门用于应付面试。

如何识别出面试者是真会还是只会背题，就要看面试官的个人能力了。如果面试官能自己出算法题（网络未见的），就可能达到考察对方真实能力的目的。对于技术细节题，结合实际、环环相扣，也不难探查对方的真实经验。

对于硬技能之外的内容，客观衡量标准就更少了。

面试官一般会让面试者详细介绍一件事情的过程，借此来甄别面试者的逻辑能力、表达能力和交流能力等。

多数情况是让面试者陈述其之前的项目经历，而面试官根据项目的目标、范畴、实现过程和结果来推断技术难度及面试者的能力与收获，还可以同时作为硬技能的补充。

这个办法本身不错，只不过，如果候选人有充分准备的话，这个问题就不能起到甄别作用了。经常会有些人在讲项目时头头是道，但是一测试基本的编程技能，却很平庸甚至低于平均水平。

面试也是一种没有“银弹”的挑战——没有任何一种方法能保证一定能够达到理想效果。只能综合运用各种方法，根据具体情况随机应变，着实是对面试官的能力、经验乃至阅历的考验。

5.5.3 备考

了解了招聘方的考察点，自然就要针对考察点进行备考。三个考察点中，意愿是相对客观的相互作用结果，除非是“好演员”，否则不太可能给人与真实不符的印象；软实力是一种长期形成的结果，很难短期提升；只有硬技能，是可以准备的。

最直接的准备就是“刷题”：Codility、LeetCode、Topcoder等网站提供了大量算法题，还有测试数据，用户可以在线编写代码并测试结果。

不过，想让“刷题”奏效的话，不是刷一两道题就可以的，而是需要一定的积累量，至少要能够覆盖数据结构的经典算法才行。

因此，建议求职者最好在求职之前进行系统的基础算法学习，对诸如二分查找、快速排序、二叉树和图的深度优先/广度优先遍历等基本算法，以及回归、分治、穷举、回溯、动态规划等策略有所掌握，再通过刷题锻炼读题、解题能力。如果对这些算法缺乏掌握，很难单纯靠“刷题”通过面试。

另外，就算靠刷题来反推算法学习，也需要熟练的编程能力。如果对编程语言不够熟悉，编写的代码错误百出无法运行，那么“刷题”也无济于事。

另一方面，面试前应仔细回顾自己以前做过的项目，对于开发过的产品的体系结构，自己所承担开发任务部分的技术实现，自己的贡献，其间遇到的难点和解决办法等，务必梳理清楚。千万不要明明是写在简历上的项目，面试官提起来却一问三不知。

这里有两个真实的例子：

程序员A和B，分别去各自的应聘企业面试。

A：面试官提出的问题，有一半左右根本不会，其他题有的答错、有的答不全，总之没有任何一道题能完整答对。

B：面试官提出的问题，全都能回答出至少部分正确答案，一半以上能完整答对。

最后A拿到了offer，B没拿到offer。

这是怎么回事？后门？内幕？潜规则？？？

如果说有内幕的话，只能说明，所有招聘岗位，工作能力只是候选人所具备的一项特征，而是否聘用，是综合考虑多个特征后的结果。

A和B的际遇，其实基于这样一个简单的道理：企业在雇佣员工的时候，考虑的是在所需时限内找到和当前岗位最匹配的候选人。

如何确认匹配呢？表5-1列出了A和B两位同学的对比。

表5-1 A和B两位同学的对比

	A	B
态度	谦虚、坚韧。A同学颇有自知之明，认识到自己无论是理论基础还是学术背景都不够深厚的现状，态度自始至终谦虚有礼，即使面对一句话都说不出来的问题，也努力地思考，并尽力解答，不到面试官说“换道题吧”，本人决不放弃	傲慢、浮夸。B同学想必是把自己当作技术大牛看待了，落座后呈半瘫状堆在椅子里，一直抬着下巴说话。面试官每问一个问题，B同学必先仰天大笑三声，说一句“我就知道你要问这个问题”，然后才进入解答步骤
面试情况	A在招聘方最关注的点上，是竞争者中最突出的——他能答出部分答案的题目，恰恰是招聘方最重视的部分。而且在那几道题上，他比其他竞争者都强	B同学虽然回答了所有问题，但在所有竞争者中并不算出众。之所以他没遇到难题，是因为面试官已经心生反感，只想早点结束面试
期望薪水	在所有竞争者中偏低	比较高
时机	招聘方着急用人，且A马上就可以入职	招聘方不着急，还想在更大范围内搜索合适的人才

如此一对比，是不是就能看出各自结果的合理性了？

所以，建议在面试的时候注意以下几点。

（1）能力是客观的，态度是主观的。越初级的职位，态度越重要。

（2）能否拿到offer的关键，不是你在所有程序员里居于什么位置，而是你在目标职位的所有竞争者中是否有竞争力。但凡真正“过日子”的企业，招聘人才都是只选对的、不要贵的。

（3）面试中，无论题答得怎么样，千万不要放弃，只要面试官不出新题或者要求你停止解题，就要坚持寻求解法。只要自己还在努力，就有希望。

5.5.4 了解招聘单位

对于招聘单位，应聘者通过面试能够了解到什么呢？大概有以下几点。

（1）招聘岗位的职责，以及招聘方对于招聘岗位的具体要求。

面试的过程也是双方相互了解的过程。如果发现岗位所要完成的工作与自己的期望完全不符，那么说明应聘者本身对于自己是有明确定位和特定感兴趣领域的，如果公司不能支持应聘者的个人规划，恐怕也只好放弃了。

反过来，如果工作内容和预期相符，或者应聘者本人也没有对某个领域特别感兴趣，那么可以继续关注后面两点。

（2）招聘公司人员的素质和能力。

一般参与面试的面试官会包括人力资源经理和招聘岗位同组的资深员工，因此求职者可以通过直接交流来了解第二点，并且不妨考虑一下：自己愿不愿意和对方合作。

（3）招聘公司的工作环境和企业文化。

有一部分企业文化，如是否打卡、是否经常加班等，都可以在面试的时候直接提问。

此外，还可以通过观察一家企业中员工的年龄层次分布、员工情绪、办公室环境设施等来间接了解企业文化。例如，面试前后去趟卫生间、水房，看看是否整洁有序，也不失为一个“窥一斑而知全豹”的办法。

越是对工作本身没有特定要求的求职者，越该关注非职位因素。对于校招的应聘者而言，后两点决定了你在职场最初几年内所受到的影响，甚至可能形成相应的工作习惯。所以，务必谨慎。

5.5.5 招聘中的不确定性

面试和笔试完成后，就是等通知的过程。如果顺利通过最好，但有时候也会被告知失利或者出现对方杳无音信的情况。这时候我们应该好好反思一下，分析失利的真实原因。技术岗位的面试结果一般和个人能力有关，所以我们应该仔细分析题目的回答情况，争取下次遇到相似问题时能够回答得更完美。当然也不排除个别企业的特殊情况，如人已招满或者求职者其他方面不符合要求。招聘有很大的偶然性，很多技术水平、职业素养、性格人品都没问题的求职者也没能拿到心仪企业的offer。

如果面试了几家企业均没有拿到offer，并不能说明什么，有可能是不投缘，有可能正好碰到了更优秀的竞争者，也有可能对方的招聘需求发生了变化……

但是面试结果一般也有其合理性，如果面试了20家企业，一份offer都没拿到，那么就需要找找自身的原因了。

此外，招聘还是一个动态的过程，它经常会受一个因素——headcount的影响。headcount是一个团队被允许招聘新员工的数量指标。

按理说，一个团队开始对外发出招聘信息，开始收简历、安排面试，就是已经拿到headcount了，为什么它还会影响面试？

因为在一家大企业内部，人事安排并不是完全根据业务需求来进行的，还受到很多其他因素影响，结果就是一个headcount可能忽然关闭，或者被限定。

一般而言，社招headcount变动的概率远大于校招。

如果一个团队需要招聘一名成员，现在面对的情况是两个月内招不到人就关闭headcount。这时，赶紧招一名能用的人，就要比找一名优秀的人更有意义了，因而招聘标准就会相应下降——这也是很多职位招聘不稳定的原因。

也许一个团队同时拿到了5个headcount，要招聘5名软件工程师，开始的时候精挑细选、要求很高，招了三个月，终于招到2名，然后忽然来了消息，再过两周所有headcount将被冻结，团队负责人一下就着急了，匆匆忙忙招了3名成员，因此后三者和前两者可能待遇类似，但是水平悬殊。

这些，都是大企业中经常会出现的情况。

5.5.6 offer的选择

如果有幸拿到了很多企业的offer，就需要考虑offer的选择问题了，这个过程主要有三个原则。

第一点也是最重要的一点——提供offer的岗位类型和目标岗位是否相符。如果申请的是工程岗，但企业安排的却是数据岗，此时最好慎重考虑。如果拿到的offer和目标岗位不一致，但是有一些相关度，这个时候可以先考虑一下目前岗位与真正的目标岗位之间的差异，以及你在这个企业有没有上升空间，如果在目前岗位过渡一下有可能进入目标岗位，那么可以考虑接受。

如果拿到的确实是目标岗位，我们还应该考虑一下当前岗位应用的是否为主流技术，对应的业务领域如何，因为这两点可能会决定你未来的职业发展。

第二点——考虑企业的相关情况。对不同类型的企业要考虑不同的因素：对于岗位职责划分很清晰的大型企业，要考虑它是否支持内部岗位之间的流动；对于中小型企业，由于存在很多可能性，所以要考虑创始人的初心及资金的来源问题。无论是大型企业还是中小型企业，与个人的职业发展最直接相关的都是管理者。求职者可以通过和企业的直接管理者对话来判断是否应该接受这个企业的offer。

另外，对于人工智能企业，不仅要有开发人员和开发工具，还要有对应的数据才能做出实用的产品，所以公司是否掌握数据资源也是需要考虑的一个重要的因素。如果是大型企业，就算没有数据资源，也可以通过购买或者自己生成的方式获取；但对于小型企业，有没有渠道获得数据是一个需要慎重考虑的问题。

第三点——要遵循个人意愿。求职者的意愿是尽快进入人工智能这个行业，还是追求高薪资和高福利，选择offer时要抓住重点，根据自己的意愿进行选择。

1. 到底什么样的offer更靠谱呢？

如果你是职场/行业新人，其实不必太关注薪水。毕竟对于“学徒工”，无论在哪个行业都不会立刻收获高薪。

也不必太纠结公司5年后、10年后是否会倒闭。只要切实学到了知识，具备了从业能力，最差不过重新入职另一家企业，那时你就是有相关经验的业内人士了。

新人进入第一家企业后，需要重点考虑的是，它能否提供一个环境，让你得以通过日常工作学习目标岗位的核心技能。可以从offer岗位与目标岗位的关系出发来考虑这件事，也就是要确定：得到的offer是否是自己的目标岗位？如果不是，那么是否与之相关呢？

如果offer和求职者的个人目标一点都不相关，那就要慎重考虑。

如果相关，需要考虑这个岗位的具体工作内容和目标岗位之间差距大吗？

例如，小明是一名刚毕业的学生，希望在互联网领域成为一名研发工程师。他的目标岗位是工程岗（dev），相应的外围岗位有开发运营（DevOps）、运营（ops）、测试（QA）等。

假设小明在多次面试后仅得到一份QA的offer。那就要问清楚：具体的工作是全手工测试，大部分手工测试，还是大部分自动化测试？日常工作对于编程能力的要求有多高？是纯黑盒测试还是模块层接口测试？对于系统架构的了解要有多深入？……

如果具体工作内容与目标岗位相差太大，加之现阶段行业整体技术深度不大，那么想要通过这样一份工作来完成目标岗位的技术积累，是相当困难的。

如果得到的offer是目标岗位本身，则要考虑具体的领域是什么？使用的是否是主流技术？工作内容是以维护改进为主，还是以构建为主？

假设小明拿到了一份dev的offer，最好关注一下：这个岗位所用语言和技术是什么？它们是否是当前的主流？所从事的具体工作是二次开发，基于某种已有产品的定制和修改，还是全新产品从头做起的开发？……

总体而言，构建型产品对开发者在技术学习上的深度和广度要求可能更高，但也并非绝对。如果是改进型产品，而且原产品已经具备相当的技术深度，对新人也是一个不错的选择。

此外，公司能否支持员工在工作期间进行技术积累，也是重要的问题，可以从以下几方面考虑。不过判断这些情况需要一定的知识和积累，对新人而言有一定难度。

（1）创始人创办这家公司的初衷是什么？

是真的希望做出自己的产品来认真经营，还是想趁着"风口"先拉到投资再找"接盘侠"？

一般来说，一个跟风创业、专门面向风投接盘（ToVC）的公司，能够给予技术人员的学习空间不会太大，开发人员很可能忙于在一些很基本的功能间来回切换，反倒是UI设计这类有直接成果给人看的工作，个人才能得到施展的机会可能更多一些。

这个问题的难点在于无法直接询问。那么不妨先假设创始人是希望成就一番事业的，再通过其他情况来证明或者证伪这个假设。

这些情况包括：这家公司是业务驱动型还是产品驱动型？它的业务模式是什么（ToB、ToC还是To B To C）？业务领域是什么（为客户解决什么范围的问题）？目标客户是谁？目前用户量大概是什么量级？盈利模式是什么？公司有否经历过转型？产品或服务策略是否有过大规模调整？公司目前多大规模？人员配比如何？本次招聘是顶替离职员工还是团队扩编？等等。如果这家公司的产品已经上线，且是ToC产品，那么求职者不妨自己体验一下这款产品，同时调研一下这款产品有用户评论吗？用户评价如何？你是它的目标用户吗？你喜欢这款产品吗？

（2）公司的资金来源是什么？

虽然人工智能行业是一个快速发展的行业，从业人员的资历提升比传统行业快得多，但也不是工作一个月就能得到丰富的经验积累，所以拥有一个相对稳定的工作环境很重要。因此，求职者最好关心一下：公司的运营资金来源是什么？公司是否已经接受了投资？若有，在哪个阶段（天使轮、A轮、B轮、C轮）？资方是谁？资方是否控股？资方是否有直接指派管理人员的权利？公司是否出现过欠薪问题？……

以上问题能够帮助求职者推测公司短期内拖欠工资的可能性，老板忽然出局的可能性，以及老板对产品的控制力度。

（3）通过直接接触公司创始人、管理者和普通员工来判断他们是否靠谱。

技术、风口固然重要，但最关键的始终是人。而对人的判断，恰恰是职场新人可以依据常识、阅历和对人性的认知来进行的。

例如，问问自己的直观感受，这家企业有没有：有追求的人？有真才实学的人？你愿意成为的人？你愿意与之相处的人?

如果这家企业有已上线的ToC产品，那么不妨在了解产品之后思考一下:你觉得产品有什么需要修改的缺陷?你希望产品做出什么样的改进?

这些问题都可以在面试时和公司的管理者探讨一下，一则是了解对方的思路、对市场的判断与自己有怎样的差距，再则是了解对方是否具备真正的能力。

当然，对于初创企业，尤其是以运营为主导的初创企业，人员能力素质的方差往往比较大，所以重点关注关键人物即可，不必强求平均值。

以下还有一些可供参考的点。

- 办公室看起来不错但卫生间脏乱差——慎重考虑。
- 员工用的办公电脑过时老旧，却在装修、摆设等华而不实的地方搞得很“炫”——慎重考虑。
- 极其严格地遵守敏捷开发（scrum）的所有流程，计划（plan）、站立会（standup）、复盘（retrospect）一个都不能少，却不对客户提供7×24的技术支持——慎重考虑。
- 没有五险一金，或工资分账逃税——慎重考虑。
- 所有员工都给期权——慎重考虑。
- 面试官，甚至经理、总监都比你年轻——其实是有可能的，注意看他们的技术理念和水平，而不是年龄。
- 当你质疑工资低的时候，老板大谈情怀，引领你想象一旦如何就能如何——这种情况也要慎重考虑。

2. 选择大公司还是小公司?

对于刚出校门和资历相对较浅的人而言，一份工作本身是否值得追求，要看你在这份工作中能否获得遇到问题的机会，和解决问题的空间。

遇到问题的机会，要看你是否真的有实践机会，工作内容本身有没有挑战性、技术难度，以及是否和你的个人兴趣、追求一致。

解决问题的空间，则要看当你遇到了问题之后，工作单位和环境能否提供解决问题所需要的资源。最主要的是时间，其次是资料、工具的获取，同事的指导，内部或外部的培训等。

相对而言，在小公司里遇到问题的机会更多，而在大公司里解决问题的空间更大。

在成熟的大公司工作，相对比较从容，没有很强的压迫感，没有末位淘汰，周围有很多友善且高素质的同事，有专业培训和优质福利等。

不过反过来，在大公司遇到问题的机会并不很多。一个需求能做几个月，工作中开会交流的时间甚至超过真正编程的时间，各种会议、讨论占据了大量时间。

在小公司，或者BAT那种虽然已经很大，但仍在高速成长期的公司，情况就相反。几天一个需求，甚至一天几个需求，有大量新工具、新技术可以拿来使用。

很多职场新人会收到“工作的公司要先大后小”的建议。是否要先大后小呢？这个不能一概而论。

如果你是一名刚出校门的学生，没有非常出众的专业技能，也没有很清晰的技术方向，对于未来的看法也不太清楚，这个时候选择先进大公司可能相对好一点。因为大公司相对正规，而且同事相对素质高、心态好，不太会在工作的前几年养成不良习气。

但如果你未出校门已经是技术高手，已然很明白自己的目标是什么，并且能找到有希望的创业公司担当重要角色，则不妨趁着年轻去风口上“搏一把”。

此外，还有一些非工作因素，如工作环境、企业文化、薪酬福利、工作单位的地理位置等，这些都可能直接影响你和你的家庭的生活质量，此处不做介绍。

第 6 章 成为人工智能从业者，是一种怎样的体验？

本章包含对多位人工智能行业从业者的采访，他们拥有各不相同的背景和经历，希望能为想要进入人工智能行业的读者提供一些参考和激励。

6.1 我，女性，AI 工程师

本节的主人公是一名AI创业公司的算法工程师，她硕士毕业于西安电子科技大学光电图像专业，毕业后首先进入了一家非计算机行业的外企工作，后转行成为一名程序员，下面是她进阶成为AI工程师的经历。

6.1.1 偶入人脸识别领域

我开始做AI人脸识别其实非常偶然。我之前从事程序员工作的时间并不久，大概一年。到了后期，我发现重复性工作太多，不是我想要的。于是，我开始考虑换一家企业，并着手整理个人简历。

在读研究生的时候，我的主攻方向是图像处理，因此我在简历上突出了这部分内容，打算寻找偏工程类的图像方向的工作。

可能由于西安的相关行业市场还不是很丰富，我一直都没有找到合适的工作，直到一个多月之后，我现在的老板找到了我，并和我进行了沟通。于是，我加入了我现在的团队。

进公司之后，我发现公司的同事们都十分优秀，有些同事甚至毕业于北大、中科院，我从他们身上学到了很多。

我到新公司的前两个月一直没有直接接触技术方面的工作，而是从事数据采集。

6.1.2 数据采集

数据是推进算法精度的非常重要的资源，只有基于大量数据进行训练，我们得到的模型才会趋于精准。

我们公司主要从事三维人脸识别，而开源数据库中的图片大多是二维数据，因此我们需要亲自使用三维采集设备去采集三维的人脸图片，将人脸的彩色信息、位置信息通过采集设备转化为数据并存储下来。

采集数据的两个月让我体验了非常不同的生活。

我们乘坐高铁的时候会把三维设备紧紧抱在怀中，因为摄像头特别容易受震动影响从而导致一些镜头参数发生改变。

我们去了很多地方，因为现在人们的安全保密意识都非常强，所以采集数据的过程困难重重。我们先是通过熟人、朋友去联系一些单位，通过赠送礼品的方式鼓励人们支持我们采集数据。我们还去了乡村、高校等地进行采集。因为采集时要做各种姿势、表情，对老人来说很难熬，而且有些老人听力不太好、表情做不到位，这样的情况下是无法采集到有效数据的。

我还记得有一次，在6月份，我们在一排路边搭建的石棉瓦房中采集数据，环境非常闷热，但是我们几个年轻人一点也不觉得累，相反觉得这不同于我们平时所做的研发工作，是一个很难得的体验。

6.1.3 数据标注

数据采集之后的所有数据处理工作仍由我们完成。为了能够快速地处理这些数据，我们经常用Python编写一些批处理工具来进行特定的处理。

为了防止程序意外中断，我们会下载一个远程控制软件TeamViewer，通过家里的个人计算机远程控制公司计算机中的程序。所以那段时间，我在临睡觉前还要看程序有没有断掉、有没有异常出现。

之后，我们需要对这些数据进行筛选，把不符合标准的数据删除，如模糊不清或者脸部信息不完整的数据。

筛选完数据之后，我们会编写程序对数据进行矫正——

把人脸放正，有时为了增强数据规模和数据姿态的丰富性，我们还会进行一些数据增强操作。

做完上述处理之后，我们要对数据进行标注。举一个简单的例子，如果图片中的人戴眼镜，我们就给其标“1”；如果没有戴眼镜，我们就给其标“0”。现在深度学习的很多训练都是建立在监督学习的基础上，通俗地说，将机器判定结果为“1”的概率和判定为“0”的概率进行比较，概率较高的判定就被认为是机器识别的最终结果，所以我们要进行数据标注以训练深度学习模型。

但是实验的数据集非常大，我们不可能逐一打开文件，手动标注在文档中，再把文件关闭，然后再打开下一个新文件进行标注，所以我们要编写一些标注工具。这些标注工具通过一个界面展示出图片，然后我们根据图片直接按“1”或“0”，就会自动生成符合标准格式的文件。

现在市场上有很多标注公司，他们能对成千上万的数据进行标注。但初创公司一般没有能力去购买这些资源，只能让员工在空闲时间多标注一些图片，所以我们需要把标注工具开发得尽量顺手。

我们自己标注的图片的数量级还是太小，因此在进行二维人脸识别的时候，我们会将自己的数据库和一些开源的数据库糅合在一起使用，如WIDER FACE。这些数据库自带标签，如男是“1”，女是“0”，这些标签通常放在文件名中，因此我们需要开发一些程序来读取这些标签，再生成我们所需要的标注文件。

这就是基本的数据标注工作。

6.1.4 模型训练

完成数据标注和处理之后，我们就可以开始训练了。目前流行的训练框架主要有PyTorch、TensorFlow、Caffe。

我们选择的是Caffe，它有一个很大的优势——模型和数据集是分开的。数据集采用固定格式并放入平台后，会被按照选定的网络结构进行训练，训练完就可以生成一个固定的模型，再将该模型放在测试代码中对图片进行检测，就可以直接生成识别结果。

接下来就是神经网络体现作用的时候了。关于神经网络，网络上有很多资源可以帮助大家理解神经网络中的卷积、池化、激活函数、损失函数、学习率等概念，可以自行学习。这里主要是为大家展现一个模型的完整训练流程，这样大家在有了一个宏观概念之后，再去细分、研究和补充，效果会更好。

例如，识别一个人是否戴眼镜的任务。我们当时准备了10万个戴眼镜的和10万个没有戴眼镜的图片，对这些图片进行筛选、处理和标注后，准备在Caffe上进行训练。

在决定选用什么神经网络模型的时候，因为这是个二分类问题，也比较简单，所以我们选择了一个简单的网络结构，层数比较少。

我们把学习率设为0.001，发现损失（Loss）函数越来越小。损失函数表示预测函数和真实函数的差，如果它越来越小，就说明我们训练出的模型是收敛的，是越来越拟合真实分布的。

训练出模型之后，我们在自己搭建的测试平台中进行测试，然后通过比较判定为不同标签的概率大小来决定判别结果。

此外，我还做了很多工程类的工作，如用Qt开发工程终端界面，以及开发一些H5程序和微信小程序。在创业公司，你可能不会长时间做同一项任务，而是接触各种各样的工作，收获不同的体验。

6.1.5 作为AI新人的职场感悟

1. 算法并非高不可攀

我以前一直觉得算法非常难、“高不可攀”，但是当我真正参与到公司的算法训练项目中后，我发现这些内容也并非我曾经以为的那么抽象，所以我现在非常有信心能够掌握这些知识。

我希望每个人，如果你想做一件事情，就勇敢地去做，这件事情可能远没有你想象中那么难，也并没有太高的门槛。

就业市场上，大家可能倾向于选择研究生去做算法，这可能是看中了他们在研究生阶段的一些数学积累。但是如果你可以由面到点地去学习相关知识，我相信只要积累得足够深，任何人都可以成为一名算法工程师。

2. 不要给自己设限

我们公司有一名同事，他之前跟我一样是做算法的，从未接触过工程。前段时间公司需要一款安卓版的应用，他承担了下来。

他的学习能力非常强，这得益于他分析问题的思路——先整体再微观，先实现基本功能，再逐步充实，最终他完成了这项任务。

我希望大家不要给自己设置任何限制，只要你想做，那你就可以做到。有时候要屏蔽掉一些外界的传言，你只管去做，不懂就问。

3. 与优秀者为伍

我在公司还有一个非常好的感受，就是同事们都很棒，他们总是用很高的标准来要求自己。

例如，一名毕业于上海交大的同事，他每天坚持学习，读了很多书，对书中的内容分析得很透彻，并且均做了笔记，即使工作了还像一个学生一样——我觉得这种状态非常好。

其实工作也是一种生活方式，如果我们能够乐在其中，就离成功不远了。我从同事们身上学到了很多优秀的品质。

6.1.6 一些经常会被问到的问题

Q：机器学习对设备要求高吗？普通开发者学习AI的难度主要在哪里？

A：深度学习需要大量训练数据，对GPU有一定要求。

普通开发者学习AI的难度，我认为不太高。如果你具有一定的工程能力，可以在GitHub上寻找一些人脸识别或者语音识别方面的代码来运行，运行成功后再逐步去深入学习。如自行查阅一些数学方面的教程，现在网络上的资源很丰富，也很容易理解。

我觉得一个没有工程经验的人直接去学习AI可能不是很容易上手，但是有工程能力的人去学AI相对比较容易。

Q：训练模型要用多少服务器资源？多长时间？多大数据量？

A：以识别是否戴眼镜的任务为例，我训练了20万次，大概用了2～3小时。我们的计算机在训练模型时，基本无法进行其他工作。

Q：你入门AI是通过哪些资料学习的？

A：我起初看过一些AI相关的书，还有吴恩达的公开课，但是我觉得如果真的想入门AI的话，不如直接去一家AI公司实习。

Q：现在有很多开源AI框架，如PyTorch、TensorFlow，做工程岗的话还需要读论文并实现它吗？

A：我们现在经常需要看最新的论文，如CVPR之类国际上比较知名的会议的期刊和论文。因为我们主做工程，这样可以了解一些新的网络结构，或者有多少其他的网络层，然后对比我们自己做的网络结构，思考这些论文中的思路是否有助于提升我们自己的模型性能。我们经常需要这样去读论文并实现其中的一些方法或结构，非常像在学校做科研，但是比单独做科研的效率高得多。

先宏观再微观是一个非常好的学习方法。当你对一个模型有了整体的感知之后，再去探究和测试其中的局部内涵会比较好。大家如果具备一定的工程能力，建议直接在GitHub上寻找一些开源的代码来运行，这比从头学习很多基础知识快得多。

Q：对于初学者，不同的开源AI框架应该如何选择？

A：我个人非常喜欢PyTorch，因为我在做程序员时用的是Python，所以我觉得PyTorch非常好用。TensorFlow在做NLP时用得比较多。

Q：实习和面试都需要具备基础的AI模型知识，如果一开始就去GitHub上找项目自行练习，对模型的理解很浅，而且这样直接看代码会觉得很困难，怎样学习才对呢？

A：我最初自己看书学习非常累，不知道书里在讲什么。后来公司一名技术经验非常丰富的前辈带我实现了一个项目，告诉我先采集、处理和标注数据，然后在搭建好的一些模型中训练，并在搭建好的代码中测试和验证。当整个项目流程走完之后，我好像突然就可以理解人脸识别是怎么回事了。

之后我开始探究模型中的每一部分是做什么的。我打开模型的代码，发现其中都是神经网络的每一层，如卷积层等。我问前辈为什么要加这几层，他回答说层数多可能会提升拟合的精度，但也有可能会过拟合……我就再去查什么是拟合和过拟合。

万事开头难，这个过程可能每个人都无法避免。有时候可能需要一个契机，有时候可能需要厚积薄发，很多过程都不能省略。所以我认为，如果没有合适的实习机会，可以在网上多找一些工程自行练习，总会有顿悟的那一刻。

Q：有没有女性专属的一些顾虑？

A："女性不适合做程序员，女性更别想着去做AI工程师"等观点，我觉得都是谬论。女性有女性的优势，即使女性要面对生育问题。当我们积累了大量的知识，拥有自己的知识体系之后，是不需要时刻调用非常强的精力和脑力去支配它的，就像生活中的常识一样，所以希望每个女性都要有信心。

现在成功的女性很多。我在社交网络上关注了一些女性朋友，我觉得她们非常积极，而且事业做得也很成功。女性遇到问题时，可以转换一下心态，将其看作人生的不同体验，该照顾家庭时好好照顾家庭，该工作时努力工作。女性在就业市场上是有主动权的，同样能够产出对社会有价值的产品和技术。

Q：你们公司有算法研究专家、工程专家，他们分工明确吗？

A：我们公司有单独的算法研究专家，也有专门的工程专家。

在公司招聘初期，可能因为公司希望将算法做到最好，所以算法工程师比较多，专门的后台、终端工程师非常少。但目前公司在向工程方面倾斜，要做成一款产品，工程必须要过硬。

我前段时间开发了一个微信小程序，包含一些类似五官分析、微笑检测的内容。我之前没有做过微信小程序，这次花了一周时间按照教程做了一个，感觉挺有意思的。在创业公司，各种可能性都会发生。不要给自己设限，更不要给自己的方向设限。

Q：你们公司招聘的标准是什么？有什么事情做好了是加分项？

A：如果从公司来看，我觉得是一个人的精气神！我们老板特别看重员工的钻研精神，他希望员工拥有对难题打破砂锅问到底的精神。

还有就是解决问题的思路和方法，如怎么看待一个问题，即使你不会，你觉得应该怎么做来解决这个问题。

加分项当然是具备比较好的机器学习或者数学基础，因为对于AI而言数学思维非常重要。

6.2 一位普通本科生的机器学习入门经历

本节的主人公是一名普通的本科毕业生，他从事过并行计算相关开发和嵌入式底层开发，目前在一家游戏创业公司从事服务器开发，并且在自学机器学习等人工智能领域的知识和技能，下面是他一段时间来的进修总结。

6.2.1 后悔大学不努力

我大三的时候学过一门课程——“人工智能导论”，现在只记得课程包括一些回溯和图搜索算法，具体细节已全忘记。虽然算法与数据结构很有深度，但我当时认为真正厉害的高手是能做项目、写网站，懂框架写实际应用程序的人，而语言、算法，先学会用就行；编译原理、操作系统、数学、英语，听课就行，毕竟企业招人不看这些基础课。

现在毕业五年了，觉得自己以前见识很浅薄，大学时期没有去尝试认真准备和参加ACM竞赛，也是我一生的遗憾，感觉是“捡了芝麻丢了西瓜”。

现在的我越来越觉得数学重要，无论是高等数学、线性代数、复变函数、数学物理方程、概率论与数理统计、离散数学，还是数值分析，都非常重要，尤其是其中蕴含的算法思想。数学决定了你从事程序开发所能达到的深度，而英语决定了你以后的广度。可以趁年轻多尝试几个方向，但一定要明白基础知识的重要性。

如果想形成知识体系，本人不赞同碎片化学习某一领域知识。碎片化时间适合看技术的“花边文章”来开阔眼界。碎片化学到的知识大多是零散的，真正能形成系统性的、有深度知识到自己脑海里的，是靠长时间系统性地持续学习才能积累和形成的。

我刚上大学时被各种各样的“大部头”吓坏了，心想这么厚能“啃”完吗。但其实现在看来，大学期间最适合“啃”这些书，因为那时候有非常多的时间心无旁骛地学习。如果你热爱这一行，或者立志一辈子靠技术“吃饭”，就从《算法导论》开始学习吧！不要怕难，认真反复多看几遍，如果能够全部理解，你的人生肯定会与其他人有所不同。

在大学里，最重要的是学习思想性的知识，并培养好的学习方法和自学能力，这些是能伴随你一生的财富。大学阶段是修炼内功的绝好时机，如果你能在这个时候心无杂念，找到自己想学的方向，很容易就能沉浸其中。如果你还在校园中，那就踏踏实实夯实基础吧，尤其是那些高学分的专业课程。如果你觉得老师讲得不适合你，可以自学网络上的公开课，自学能力也是技术成长必备的能力。

再者，不要害怕与众不同，我们从小到大，太强调一致性了，要相信自己。

6.2.2 为什么学 AI

随着近几年计算机领域的不断发展，云服务与并行计算促进了算力的提升，互联网的发展提供了海量的数据，它们共同促进了人工智能的发展，也促进了机器学习、深度学习的发展。

我觉得学习AI就是投资自己的技术未来，就像前几年火热的移动端开发一样，传统岗位依然存在，但是AI行业的发展也一定会产生新的岗位。

人类对未知事物总是充满好奇或者担忧，至少我是好奇。好奇大家口中的“机器学习”“神经网络”这些名词到底是什么意思，有什么高深的算法，会如何发展，是否存在自己一直寻找的兴趣方向等。

我之前也读过很多机器学习的入门资料，但我感觉有些作者也说得含糊不清，如“不用在乎数学推导，直接调用接口即可”。简单的API调用，我想大家都很容易学会，但如果仅把函数当成黑盒使用，我其实心里是没底的，因为我不知道它到底是如何运作的。也许是我性格的原因，会经常执迷于细节，而且学习速度很慢，并且无法从宏观上对事物进行很好的抽象。我现在也在逐渐提高自己的抽象能力，尝试从宏观上看待事物。

一次偶然的机会，GitChat推送了本书作者李烨老师的一篇文章《入行AI，如何选个脚踏实地的岗位》（文章内容包含在本书第4章）。这篇文章揭开了人工智能行业中各个岗位的神秘面纱，是我看过的所有入门文章中介绍得最为详细清晰的一篇，让我感到相见恨晚！

首先，我觉得不懂内部原理甚至细节，只会调用库，是没办法深入和提高的。所以我认为数学基础很重要，按照教程写一遍代码不足以满足我的追求，而且没有任何成就感。

成就感是个很神奇的东西，就像玩游戏、打球一样，如果认识到这件事充满成就感，你就会全身心地投入其中，因此请努力找到最大化自己成就感的事情，那个应该就是你的兴趣所在了。

其次，我认同文章中说的在成为机器学习工程师之前首先要成为一名合格的程序员，一定要掌握基本的数据结构和算法。我距离合格程序员还有很长的距离，要认清自己、脚踏实地。

最后，李烨老师在文章末尾还提供了一个课程。我以前对培训和讲课很抵触，片面认为所有知识都要自己悟才可以，现在想想是自己钻了牛角尖。如果老师讲得好，可以帮助自己快速入门人工智能，大幅提高学习效率。

此外，我认为当一篇文章让你产生极大认同和感触以后，可以把该作者的所有相关文章都检索出来认真阅读，如果其中80%甚至更多都和自己的认知相同，那么这个人基本上值得你信任，买他的课大概率不会让你失望。李烨老师给我的感觉就是如此。

总之，看完李烨老师的那篇文章后，我对整个AI行业有了一些认识，决定开始行动起来，“临渊羡鱼，不如退而结网”。

6.2.3 关于买书和知识付费

我觉得在学习上不要吝啬，衣服可以不买，饮食温饱足矣，但是学习上不能小气。一件衣服，一双鞋，足够买一年的课程或者图书。我收入不高，仍然买了很多课程和图书；但别乱买，要买那些你一定会去学的、一定能让你有收获的、可以内化成你自己的知识的课程和图书。

我认为，如果有好的推导过程详细严谨的教程，入门人工智能会更快。因为你可以自己控制学习的速度。想系统学习，最好是买经典书，甚至大部头，这样知识才能系统建立起来，比碎片化学习有意义得多。碎片化的内容作为开阔眼界和休息时的新闻看看就可以了。

我的电商购物车中常年有大量的书。之前怕租房搬家麻烦而不买，但现在觉得这点麻烦和书中的知识相比不算什么。我觉得电子书的确十分方便，适合查阅，但不一定适合学习。

我还在很多App上买过课程。有些课程只有一些宏观上的方法，细节很少，干货也很少，整个课程好像非常赶时间，能够从中收获到的知识自然也很少。这种课程可以用于开阔眼界、理清思路。如果课程中没有详细解释，有可能是其中的知识对数学基础要求很高，这就只能靠自己查阅相关资料学习，一点点地补充了。

6.2.4 数学基础

1. 微积分和线性代数

首先，由于长时间不用，我连最基础的微积分知识都忘记了，便先补习高等数学相关知识。我用的是邝荣雨等编著的《微积分学讲义》，书很薄，很适合快速复习。此外，MIT的微积分公开课也非常棒。

我在大学期间，很多时间都沉浸在做题中，采用的是题海战术。但我忽视了数学定义中的物理和几何意义，其实这些意义非常重要。如果希望向算法科学家方向发展，就需要持续强化对微积分的掌握，多学、多练，以提高自己的计算能力。在人工智能领域中，线性代数的应用主要是进行矩阵变换和运算。

2. 概率论和统计学

概率论是我的弱项，从高中开始，我就对计算概率很迷糊。但其实如果用心学，任何一本教材都可以内化成自己的知识。

学知识不是为了做样子，也不是为了学过这些知识以后的自我满足感。一定要强调将知识内化——问自己，你真的学会了吗？你学到了什么？都理解了吗？如果没理解，那就重新看视频，查阅各种相关资料，直到学明白为止。

我推荐台湾大学的叶丙成老师在Coursera上的课程“玩想学概率”（用繁体字搜索更容易找到）。这是一门非常棒的概率课程，而且叶老师说话亲切感十足，引人入胜。

关于统计学，可以到edX官网或者“可汗学院”官网学习国外一些知名高校的公开课。建议大家利用好网络上的公开课资源，很多公开课也有手机App。

6.2.5 机器学习

首先推荐吴恩达老师在Coursera上的“机器学习”公开课。这门课程非常好，非常浅显易懂。我甚至觉得只要具备高中学历，学完微积分、求导，了解矩阵后，如果会编程，就可以自行学习这门课程了。建议大家边看边记笔记，虽然耗时间，但是看十遍不如写一遍。可以先看一遍中文版，达到能用英文听课的程度，然后用英文看第二遍。我的英语能力较弱，但看第二遍的时候也能看懂英文字幕了。

顺便说一下，英语技能是必须具备的，否则在计算机行业没有向上发展的空间。我也推荐大家平时可以浏览Stack Overflow，这是国外的一个类似知乎的知识型网站。

其次推荐李烨老师在GitChat发布的“极简机器学习入门”课程。网络上的大多数专栏只能用来开眼界，很难做到系统性讲解。李烨老师的课程就比较好，课程非常基础，通俗易懂，有细节，还能让你开眼界，了解常识。例如，她会告诉你“线性关系并不全是直线的关系”这类非常基础但很重要的概念。

至于机器学习相关的书籍，我认为周志华老师的“西瓜书”《机器学习》对我来说太难了，因为其中很多符号难以理解。一位网友说过一句话，我觉得有一定道理：“数学符号不统一，导致了入门门槛较高。”推荐用“蘑菇书”《机器学习公式详解》来辅助学习“西瓜书”。

但是不要着急，不要烦，机器学习就这么多符号，不是无穷无尽的，踏踏实实地一个一个学，肯定能学会。对于一时难以理解的内容就多搜、多看、多问，很多网友会乐意为你解答。我非常推崇愚公移山的精神，当量变达到质变，有一天你突然理解了，就能体会到那份喜悦了。

6.2.6 编程语言

编程语言首选Python。我推荐《Python编程快速上手——让繁琐工作自动化》，它非常简单易学，适合无基础的人学习。还有《Python编程：从入门到实践》，它适合有些基础的读者。我两本书都学习过。

此外分享一些Python的开源工具库。

- 输入输出文件处理：pands。
- 矩阵处理：NumPy。
- 机器学习模型：sklearn（以线性回归模型为例，只调用一条函数即可完成，非常高效）。
- 可视化：Matplotlib。

6.2.7 心得体会

不要被高大上的符号或者专业术语吓倒，如张量、梯度下降、贝叶斯公式、机器学习、人工智能、神经网络……不仅是机器学习，其实很多领域都是，当听到专业术语时，不要慌张和盲目跟风，而是要沉下心来，一步一步地学习了解。如果你真的想知道这些名词是什么意思，以入门机器学习为例，全身心投入一个月就差不多了。

上大学时，很多算法、模型，我都没有学习英文的表达方式，也没有认真梳理，造成别人说一些英文的专业术语时，自己不能理解。其实是我自己没意识到要进行知识梳理，导致很多知识学过后并没有真正掌握——看似都理解了，单拿出来还好，一旦组合起来使用或者阅读论文的时候，就不知道该如何把这些零散的知识串联在一起。

专业术语方面，建议尽可能用英文专业词汇与别人交流，这能避免很多中文翻译版本上的障碍，例如一个知识点A，可能对方讲了半天，你才反应过来其实说的是英文中的B或者另一个中文版本的C。

李烨老师还推荐了《人工智能基础（高中版）》一书，由陈玉琨和汤晓鸥编著，该书浅显易懂，适合像我一样基础比较差的人。其中对人工智能核心能力的说法我非常认同："人工智能最核心的能力就是根据给定的输入做出判断或预测。"

看完Coursera上吴恩达老师的课程后，如果有不清楚的地方，可以横向看一下书和网络上的文章，建议手动推导一遍梯度下降算法，再用Python实现一遍梯度下降算法。尽可能将所有的公式都手动推导一遍，以提高自己的数学水平，补充经验不足的缺陷。如果你觉得自己听懂了，最好再用代码实现一遍如何用计算机求导。

6.3 从网约车司机到AI工程师

6.3.1 创业失败去开网约车

我本科学的是自动化，大学时期就对计算机比较感兴趣。如果完全从0开始进入人工智能行业，我估计至少需要一两年的学习时间，对于我们这些生活压力比较大的中年人来说，很难下定决心。

毕业之后，我先后从事了几份工作，但都与所学专业关系不大，主要是在金融领域。2015年，我感觉时机不错，所以辞职创业。公司经营了4年多，不是很顺利，积蓄亏光后，无奈关闭了公司，重新入职一家企业。后来不幸遇上公司裁员，那段时间我爱人也正好失业在家，我们都没再找到合适的工作，而孩子正在读小学，一下子生计出了问题。后来生活实在撑不下去，我和我爱人就以开网约车为生。

曾经有一段时间我非常抑郁，特别是跟从前的朋友们对比起来，落差很大，一时难以接受。另外，我和我爱人从早忙到晚，扣除生活费，也不能完全解决房贷和孩子上学的问题。而且我们都开车，没人照看孩子也是个问题。但是，当你看不到其他选项的时候，反而也就不会想太多了。

6.3.2 偶然兼职数据标注

一个很偶然的机会，我在求职网站上寻找兼职，看到有人招聘做数据标注的人员。这份工作其实门槛非常低，我后来不开车的时间都用来做这份工作，从而对人工智能行业产生了一些兴趣，后来了解得越多，越想要真正进入这个行业。

我在网络上找了很多关于如何入行人工智能的资料，我认为自己毕竟有点工科的基础，就用了三周时间暂停开网约车，复习数学知识，订阅大量的网络课程，还买了一本周志华老师的《机器学习》，但基本上什么也没学会，就放弃了，又去开网约车。

我其实放弃了不只这一次，而是很多次。最后一次，我爱人有一天工作不顺利，被投诉加上罚款，相当于一个多星期都白干了；而那天为了出车，她没有出席孩子的家长会，又被孩子的班主任教育了一小时……她可能心里不舒服，病了半个月，基本上无法下床。我对自己说，必须要改变了。

6.3.3 自学人工智能

我把每天出车的时间缩减到8小时，其他时间用来学习。这次我要找到适合自己的学习方法。我不可能直接读论文，因为我完全看不懂，因此还是先从基础开始。英语方面，我复习了《新概念英语》的2～4册，以及一本计算机专业的英语书，并且每天用手机背单词。专业方面，我用《Python编程快速上手——让繁琐工作自动化》这本书学习Python，通过网课学习数据结构和基础算法，从高中数学知识开始复习，然后是微积分、线性代数、概率统计等，没有学习太深，够用就赶紧拿来用，然后继续学《机器学习》那本书，遇到任何无法理解的内容就在网络上问，并在GitHub上找一些代码来学习和运行，此外我还研究了一些主流的框架，如PyTorch等。后来又学习吴恩达老师在斯坦福大学的公开课——*Machine Learning*，那套课程非常出名，但是对我来说有些难度，我到现在也没学完。

那段时间很长，大概有一年多，我放弃了所有的消遣，全身心投入到学习中。那段时间我也在网络上参与了几个项目，积累了一点经验，但几乎没有什么收益。我那时靠开网约车和继续兼职数据标注维生。因为比较熟练了，我可以批量接单，再分包给别人去做，我只要负责培训和验收就可以了。

6.3.4 AI 领域求职不顺

学习了一年多，求职仍然不顺利。我投递了上百份简历，只拿到五次面试机会。主要有两方面原因，一是我非科班出身，确实积累不够；二是我年龄偏大。

我第一次面试时特别紧张，有一大半问题没有答上来，最后自己都不好意思了，觉得在浪费面试官的时间。

有一次面试时让我基于ANN复现一个分类方案，很简单，我完成得不错，问题也回答得很顺利，这是唯一一次得到了二面的机会。但是二面之后，负责人仍然觉得我欠缺太多，而且年龄也偏大，所以还是没有拿到职位。

还有一次，技术上没问题，同样卡在年龄，我跟面试官说："年轻人确实反应快，肯打肯拼，而且待遇要求不高，但是我们中年人也有长处，更任劳任怨，更勤恳，因为我们没有退路。至于能力，大部分大学教授和专家学者都已人过中年，但仍然奋斗在一线，依然是行业的骨干力量。"面试官回道："你说得非常有道理，但你现在并没有达到教授或专家学者的水平。"我就无言以对了。

6.3.5 从物流行业涉足AI

在AI行业求职碰壁后，我开始留意物流行业，因为我曾经做过一个物流公司的智能调度项目，那个项目很成功。后来我找到了我现在的这家物流公司。当时公司正好在组建IT部门，我就加入公司做智能调度了。

我老板有一名朋友，是一家大型物流公司的高管。一次非常偶然的机会，他提到一个仓储效率的问题，我给出了一个方案，后来又跟进帮助他们整理数据、开发和训练模型，虽然用的是一个比较通用的方案，不过也算是把那个问题解决了。他就建议我老板布局智慧物流。

现在我们公司已经成立了“智慧物流”部门，拥有3名成员。虽然团队人不多，还要兼顾公司IT业务，但是我觉得这是个不错的开始。因为我们真的用机器学习解决了几个实际问题，帮助公司节约了成本，还对外输出方案，给公司提供了一个新的盈利点。

所以对于即将进入职场的毕业生，我建议大家趁着大好年华，努力多读书，多积累经验，认真规划职业道路。

6.4 大型企业AI工程师访谈

本节包含对5位目前任职于微软公司的AI工程师的采访，希望他们的经历和经验能够对你有所启发。

6.4.1 Steven：从图像编码专业进入 AI 领域

Q：请您先自我介绍一下，讲一讲您入行的经历。

A：我叫Steven，是微软公司的一名算法工程师，北京科技大学自动化专业本硕，研究生主要偏向图像编码，2015年参加工作，至今有7年的工作经历。

我从小喜欢玩游戏，对计算机相关内容很感兴趣，经常会想这个游戏是怎么设计出来的，这些代码为什么能变成图像。所以我填报大学志愿的时候，第一志愿报考了北京科技大学的计算机专业。

来到北京科技大学之后，由于各种原因，我最后选择了自动化专业。不过北京科技大学的自动化专业比较偏向于计算机，我参加竞赛、实习的时候，也会选择软件相关的方向。我读研究生时虽然还在自动化专业，但课题方向是视频编码，其实已经是软件开发的方向了，求职时也明确找软件方面的工作，最后顺利进入软件行业，就有了后来的故事。

Q：为什么您学习的是自动化专业，却会从事图像处理工作？

A：我研究生阶段虽然在自动化专业，但导师的研究方向是模式识别，图像识别是模式识别中比较热门的一个方向，课题组里有导师研究医疗方向的图像识别。那时候深度学习的热度还没有传到国内，都是基于比较传统的方式去做，如机器学习。

毕业之后我的第一份工作是软件开发，和AI关系不太大。原因有两个，一是有兴趣，二是方便就业。

最开始接触到深度学习有两个原因。第一个原因是在我刚开始工作的前半年，我有读博深造的想法，考虑到选导师报名，再加上研究生期间的学习，就想到了深度学习。

第二个原因是2015年我毕业的时候，深度学习非常热门，于是我就开始自学。最开始的入门学习材料是英文版的*Deep Learning*，那时候中文版还没出版，我就找了英文版自学。这本书主要是理论基础，我自学时感觉有点吃力，读了四五个月只读了一半，后面也没再读了。当时我最大的收获是读完卷积神经网络（Convolutional Neural Network，CNN）那章，在那之前我不知道什么是CNN，读完那章之后，我不但了解了CNN，还学到了一些概率相关知识。

Q：也就是说你当时对于深度学习还停留在理论学习的层面，那你具体是怎么一步一步深入机器学习的呢？

A：学习英文版*Deep Learning*是我和深度学习第一次产生交集。在这之后，由于各种原因，我不打算读博了，但是我那时已经有了一定知识储备。

当时我所在的公司组建了一个学习小组，学习斯坦福大学的CS231课程，涉及很多编程内容。后来学习小组的创始人离开，就由我带着学习小组继续学习。除了斯坦福大学的课程，我们还尝试了其他网络课程，其中不乏一些质量非常高的课程。在学习小组中，我们采用费曼学习法——讲师先学习某个课程，再带领其他人一起学习，这样的状态持续了一两年。

随着机器学习的热度越来越高，我们公司也开始在这方面有所投入。我们承袭了一个大数据部门，该部门有一部分人是从事机器学习的。因为我常在公司里授课，有相应的知识储备，公司也比较认可，于是我得以进入这个部门开展相关的工作。

这个部门主要从事客户服务。我接触到了各种各样的客户和需求，有的项目涉及机器学习多一点，有的项目少一点。在这个过程中，我把曾经学过的知识进行了具体实践，不过都比较零散，并不是很系统。

我相对系统地进入NLP领域是在2018年下半年，当时参与了联想的一个创新项目，工作了大半年时间。这个项目的目的是实现供应链的价格预测，需要收集供应链相关的研报、新闻中的信息和数据，并把信息提取出来，利用这些信息去预测对应产品的价格趋势。当时还不太流行相似度计算，我们尝试了很多方法，如实体识别、句子分类等。在那之后，我又经历了一两个其他项目，之后才有机会来到微软公司。

Q：关于微软公司的面试，你有没有可以分享的经验？

A：微软公司对我的面试包含两部分，一部分是工作经验，另一部分是个人编程能力，主要考核数据结构、思维能力和代码能力。我入职后的工作岗位是算法工程师，因为公司需要有NLP相关经验的人员，而我恰好有这方面的经验。

Q：您能分享一下在微软公司的工作经历吗？

A：加入微软公司之后，我们主要打造自己的产品，如智能对话平台；也会为客户提供一些服务，如预测故障零件。所以我在微软也是通过两条不同的渠道，去完成深度学习相关的工作。

在产品上，我主要负责优化句子相似度的准确度和实体链接（entity linking）模块。除了产品之外，我还接触了一些比较前沿、有研究性质的项目，如知识图谱的相关应用和知识推理等。

Q：您对现在的工作和生活满意吗？如果有机会重新选择，你还会进入AI领域吗？

A：我个人还是很满意的，我觉得兴趣驱动才能维持对工作的热情。因为工作占据一个人生活中将近一半的时间，这是除了睡觉之外最大块的时间。如果你对所从事的工作毫无兴趣，那么做起来会很累。

Q：有些人认为即使在文学和音乐等创作领域，人工智能也将最终让人类失业或变得无足轻重，对此您有什么看法？

A：我认为短期内这不可能实现。例如用AI创作音乐，音乐创作的整个过程中有许多需要人工的地方，如特征选择和结果选择。我认为现在还处在一种“机器辅助创作，人工筛选”的状态，离真正的机器创作还有非常长的路要走。

而且如果某一天机器创作真的实现，我们担心的可能就不是作曲家或者作家会不会失业的问题，而是AI可能已经颠覆了我们现在对整个世界的认知。也许那时所有人都不用工作了，人们会是另一种不同的生活方式。

Q：您对AI行业的新人有什么建议？如果入行时已经年龄偏大，您有什么特别的忠告吗？

A：一定要明确自己的目标。因为AI其实已经越来越工具化了，或者说深度学习已经被大大简化了。现在的深度学习其实比几十年前的机器学习要容易得多。如果希望创建一个深度学习模型，网络上可以找到很多相关资料，几行代码就可以完成你想要完成的任务，也可以很容易地把它应用到人们的工作中。

一个人如果希望实现机器学习的工程应用，只需要对机器学习的整体概念有一个大致的了解。

当你对人工智能有了广泛的了解，知道机器学习包含哪些任务，每一种任务的表现是什么，常用的模型、工具是什么；知道深度学习的部署过程有几步，每一步需要用到哪些技术……了解了这些，你基本就可以成为一名深度学习工程师了。

从基础理论、传统模型开始学习，会给你带来很多对模型运作机制的理解，以及很多灵感，也能了解模型中存在的一些缺陷，以及产生这些缺陷原因。

Q：您可以为新人和不同阶段的从业者推荐一些书籍和课程吗？

A：现在网络上有非常多的课程，而且质量都很高。系统的英文资料，可以看斯坦福大学的一系列公开课和相关讲义；如果大家英文一般，可以关注微软智汇学院的相关课程。

6.4.2 Leo：暂时搁置留学计划进入AI领域

Q：能介绍一下你正式入职微软以前的经历吗?

A：我2020年本科毕业于南开大学，专业是计算机科学与技术。我从2019年7月开始在目前我所在的商用人工智能组实习。我本身计划出国留学，但受疫情影响没有成行，后来就又回到组里开始了第二段实习。

Q：你在实习的第一阶段主要负责什么?

A：我当时为一家保险公司更新了他们的知识图谱数据，之后为一家汽车公司开发了一个情感分析（sentimental analysis）模型，用于对他们的用户评论进行情感分类。

Q：那段时间里你做的工作均与人工智能相关，当时有没有觉得自己在技术上有所欠缺?

A：有。因为我在本科期间只学了数据结构、传统的算法、操作系统、编译原理和计算机网络等计算机专业的基本课程，AI方面的知识非常欠缺，所以在实习时感觉非常吃力，基本一边完成相应工作，一边补充相关知识。

Q：那你当时主要通过什么途径补充知识?

A：我上过网课，如吴恩达老师的“入门神课”*Machine*

Learning、周志华老师的“西瓜书”《机器学习》。我还参考过一些代码资料，如BERT，并从GitHub上下载代码来学习、部署。我们组里的工程师也给过我很多指导，例如教我如何分析项目代码，还给我推荐了一些资料、网络上的优质博客内容，以及一些相关书籍。

Q：这段实习持续了多久？

A：大概五六个月。之后返回学校的时候遇到了疫情，就在家里完成了毕设。

我当时已经拿到了国外学校的录取通知书，也准备好了出国留学，但受到疫情的影响无法成行。我觉得不要浪费了这段时间，就又返回组里继续第二段实习。

第二段实习的工作就更实际了，具体的项目比较多。例如我开发过一个标注系统（labeling system），用来完成知识抽取的。它能在输入的一份文本上做一些预标注，然后人工可以在前端对这个预标注进行修改或加入新的标注等。此外，我还参与开发了一款虚拟主播，这是我们组现在的核心产品。这些都和AI特别相关。

这一段实习多是AI应用层面上的工作，主要解决的是工程上面的问题，算法模型相关的工作比较少。

Q：解决工程问题和训练模型相比，你更喜欢哪个呢？除了这些实际的开发项目，你还做过其他工作吗？

A：其实我个人更喜欢解决工程问题，因为模型具有不可解释性，而且模型理论在实际工作中用到得非常少。

其他工作也有。我们组有AI教育相关的项目，我制作了很多介绍AI的短视频，还和另一名实习生合作制作了一套面向中学生的AI入门教程。我很享受这个过程。

Q：你是何时成为微软公司的正式员工？成为正式员工后感觉和实习阶段有什么区别吗？

A：2021年8月，也就是第二段实习持续了一年后。在实习阶段，虽然公司会对你有所期望，但是并不强求你能做得很好。但是正式员工要承担相应责任和KPI，而且不能像实习生那样只是开阔眼界、可以尝试任何自己感兴趣的领域，而是要专注于某一领域，做得更专业、深入。就我个人来说这是一个非常重大的转变。

Q：你觉得正式工作后，学习在你工作中的占比有什么变化吗？

A：学习的时间占比其实变大了，因为我的工作属于AI教育输出领域，该领域非常注重实践。有时你认为自己学会了，但当备课时准备真正输出某段内容时，却发现与你设想的完全不一样，还有很多问题需要深入理解。我们组还负责开发实践课程，需要从最底层开始实现AI模型。在这个过程中我积累了非常丰富的经验。

Q：现在作为一个人工智能行业的从业人员，你觉得自己的这个方向是有意而为的，还是顺其自然？

A：我个人其实是有意扎根人工智能行业的。但是从后期发展来看，其实人工智能和其他项目的开发相比，区别并没有那么大，只是具体用到的技术有所不同，实质上都是在解决实际问题。应用是最主要的，再高深的理论，无法有效应用也是零。

Q：你对想要入行人工智能行业的人，尤其是在校大学生，有什么建议或者忠告吗？

A：我认为实践为王，一定要多写代码。在学习上，可以从一些小型网课开始看起，在对AI领域有一个总体认识之后，再由浅入深地去实现相应的代码。例如，从线性回归开始，到逻辑回归，然后学习AI框架去训练一些模型，最后再去参加一些竞赛或实践项目。最好能找到一个实习机会，去做一些实际的工作。

6.4.3 Evan：从项目开始进入AI领域

Q：入行之前，您学的是什么专业？是什么契机让您选择了人工智能这个行业？

A：我是2013年本科毕业后参加工作的，本科专业是光信息科学与技术。我参加工作后的第一个项目是医疗信息化的软硬结合的嵌入式项目，基本上是顺着大学专业的典型路线发展的。我接触人工智能是在2015年年底，当时在Kaggle上有个糖尿病视网膜病变的图像分类项目，很适合我当时公司的方向。于是在既不了解计算机视觉，也不了解机器学习的情况下，我通过复现Kaggle上的公开方案，逐步了解了深度学习的强大性能和广阔前景，然后就开始转向人工智能行业。

Q：为了入行人工智能，您都做了哪些准备，包括学习新的知识和技能？

A：其实刚接触人工智能的第一年，基本上是把深度学习相关代码当作黑盒子使用，通过封装外围的功能来实现应用。得益于学术界的努力，深度学习所需的数据、框架、预训练模型都可以比较方便地获取。后来随着项目的落地推广，应用方开始对模型的性能有更具体的要求，这个时候就需要对深度学习的模型及训练方法有更深入的理解。当时我刚好看到有人推荐斯坦福大学的深度学习在线课程CS231n，就通过该课程系统地学习了卷积神经网络及其相应的训练方法。在优化模型性能的同时，基于传统方法的后处理也很重要，所以也系统性地学习了OpenCV及Skimage等图像处理库。此外，为了更高效地分析数据，我还学习了pandas及Jupyter。

总结下来，为了入行人工智能，根据不同的目标，对知识和技能有不同层次的要求。

- 人工智能训练师：只需了解深度学习框架如何使用、数据如何准备等即可。
- 算法工程师：需要了解深度学习的原理和特点，以及相应应用领域的一些传统方法。
- 算法科学家：需要深入理解深度学习的原理。

Q：您在转行到人工智能行业时遇到了哪些阻力？

A：当时最大的阻力是对于深度学习概念的理解及运用。其实深度学习的概念并不是突然出现的，很多方法和习惯都源于传统的机器学习方法，如果没有系统性地学习过这些知识，有些概念可能不太容易理解。为了克服这种对于新事物的“迷茫”感，系统性地学习是最好的办法。如果是零基础想要转行的朋友，可以先通过现成的代码、平台获得模型训练经验，再逐步深入学习代码和原理。

Q：您认为从事什么行业的人更容易转行到人工智能领域？有哪些技能是加分项？

A：我认为数字化、标准化做得比较好的行业，是最适合人工智能的应用场景，相应场景的垂直领域经验，对于理解人工智能应用有很大的帮助。只要拥有对深度学习模型性能的感性认识，便会产生很强的学习兴趣。如果在此基础上有数据分析能力，会是一个很大的加分项。

Q：您对目前的工作和生活状态满意吗？如果回到入行之前，您还会坚定地选择人工智能行业吗？

A：很满意！相比一般的软件工程师，人工智能算法工程师有更多的机会去接触各行各业，也有许多可以发挥想象力的场景。人工智能相关的技术社区也处在蓬勃发展的阶段，每天都可以接触到新的知识，会收获很大的满足感。相信回到入行以前，我还会坚定地选择投身于AI浪潮之中。

Q：您对这个行业的新人有什么建议？如果入行时已经年龄偏大，您有什么特别的忠告吗？

A：任何时候开始都不晚。人工智能现在正处于扩大应用落地范围的阶段，市场非常欢迎跨领域的人才，尤其是对某个垂直领域有很深的了解，又对人工智能感兴趣、希望转行的朋友。也许编程技能已经不是现在入行人工智能行业的最大门槛了。目前人工智能训练师、AI产品经理等非工程师的岗位缺口也很大，这些岗位对技术的要求并不高。而且目前编程社区的一大方向就是低代码化、声明化、平台化，没有代码经验也完全可以很好地完成AI模型的训练与部署。但是毫无疑问，如果不懂编程及数据分析，后续的职业发展会有比较大的限制。

Q：有些人认为即使在文学和音乐等创作领域，人工智能也将最终让人类失业或变得无足轻重，对此您有什么看法？

A：至少现阶段，所有的人工智能都是辅助性的，可以帮助人们完成一些重复劳动，以减轻工作负担。也许在这点上，有部分重复劳动会被取代。不过至少在可以预见的未来，人工智能主要做的事情是给垂直领域赋能，以更好地解放生产力和创造力。例如，医疗领域广泛应用的眼病自动筛查系统及宫颈癌筛查系统，帮助医生减少了大量阅读正常结果的时间，让医生能够把有限的时间投入到关注疑似病例及更新的治疗手段等高价值的工作中。再如，DeepMind的AlphaGo，虽然在和人类棋手的比赛中无往不利，但是并没有把围棋这项运动“杀死”，反而勾起了很多人对围棋运动的兴趣。甚至还有一位韩国棋手申真谞，因为下棋风格和AI计算的最佳选点很相似，被戏称为“申工智能”。相比被“取代”的恐惧，或许拥抱AI会是一个让自己和世界都更美好的选项。

Q：能否请您为新人和不同阶段的从业者推荐一些书籍和课程？

A：课程方面，我之前开玩笑说过，如果想要劝退一名新人，就给他推荐吴恩达的机器学习课程。这门课虽然是很多人推荐的入门课程，但是在我看来，它讲得太细，数学原理与推导的比重较高，比较适合入门后希望补充数学基础的人学习。我个人更推荐用斯坦福大学的CS231n课程入门，一方面是其知识点很新、很系统，另一方面是这门课从计算机视觉方向入手，相对来说观感更直接，入门门槛低。

专业书籍方面，我个人推崇三本书：周志华的“西瓜书”《机器学习》，吴军的《数学之美》及李沐的《动手学深度学习》。这三本书对于零基础或有编程基础的人都很适用。

6.4.4 Frank：通过训练营和项目实战持续成长

我毕业后就扎根人工智能行业。工作没多久，我的主管希望我参加一个AI训练营，体验一下学习方法。训练营介绍的内容浅显易懂，非常适合希望入行人工智能行业的人士，没有人工智能基础知识的初学者也能从中得到收获。我当时稍微有一些基础，但是工作经验不足，参与训练营一方面是为了巩固人工智能算法方面的知识；另一方面，训练营的讲师都是行业资深从业者，在讲课过程中会介绍一些他们做过的项目和产品，传授他们的工作经验，介绍行业前沿技术，可以拓宽我的思路和视野，这对于我很有帮助。

为了进入人工智能行业，我自学了各种机器学习和深度学习的算法，这部分是理论方面的知识；也学习了编程语言Python，这是工作中将理论实际落地的工具，是实战方面的技能。

我认为IT、数据分析、互联网等相关行业的从业人员最容易转型至人工智能行业，因为这几个行业的从业人员具备一定的编程基础，学习人工智能相关知识较快。而更远一些的展望，其实人工智能在很多行业，包括教育、医疗等，都有比较广泛的市场和应用场景，很多行业都可以使用人工智能的知识来取得一定的便利或者创新。

在上岗初期，我的主管建议我参加一项人工智能竞赛，完成一个中医药相关的命名实体识别任务。当时的我初出茅庐，因此可以算作我的第一次实战。这个竞赛任务的整个实现过程，包括数据清洗，神经网络的搭建、调参等均由我独立完成，我的主管只提供指导意见。虽然因为时间原因我的方案准确率不是很高，但我因此学会了如何将自己所学的知识真正运用到实践中，对我帮助很大。

我目前主要负责自然语言处理方面的工作，主要是对产品进行赋能，并参与一些NLP相关的项目，项目内容多种多样，共同点是都和文本分析相关。

在学习知识方面，我认为最好是理论结合实战。理论方面最好的提高方式是多阅读论文，实战方面则要多做项目、多积累经验。

我之前做过一个命名实体识别的项目，其训练集比较小，导致模型准确率不高。和文本分类等任务不同，命名实体识别任务不能用常规的数据增强方式来解决，最后我找到了一篇命名实体识别任务专用的数据增强方面的论文，参考其中介绍的方式解决了问题。

人工智能行业中理论知识非常重要，在不了解人工智能的情况下，一般人很容易对人工智能产生误判，过于高估或低估这项技术。我认为除了学习各种算法，还要了解哪些问题适合用人工智能来解决，哪些问题不适合用人工智能来解决，以及在什么情况下可以使用人工智能的知识。理解这些问题，可能会少走一些弯路。

应用方面，很多行业都可以使用人工智能的知识，既包括互联网相关行业，也包括教育、医疗等传统行业。例如，抖音、快手等短视频平台，智慧课堂，医疗咨询对话机器人等。

目前前沿的人工智能技术中有些比较难以落地，因为其对算力的要求比较高，需要较好的服务器、GPU，成本过于高昂。

最后，对于新人和不同阶段的从业者，我都推荐周志华老师的“西瓜书”《机器学习》，它对于了解人工智能和学习常用的机器学习算法很有帮助。

6.4.5 Julia：被时代浪潮推向AI算法工程师岗位的女性

我是本书作者Julia，是微软公司的一名算法工程师。我本人的工龄很长，今年是我进入职场的第20年。在过去的漫长时间中，我始终是一名一线程序员，不过具体的领域是有变化的。我真正开始转向人工智能领域，或者说转向和人工智能相关的一些领域，是从2012年开始的。

我从2003年开始工作。2010年之前，我的职业历程基本集中在底层开发，如操作系统的发行版、嵌入式，包括系统级的软件开发。我曾经在太阳微系统（Sun）公司工作了五年，这五年里我集中研发了系统兼容性套件，以及设备探测工具，它们直接与计算机底层驱动交互，都是系统级的应用。

直到2010年，我都对人工智能、机器学习和深度学习没有什么概念——深度学习，当时还没有这个名词；机器学习，虽然有这个名词但也不了解。我读研时，有一门课程是数理逻辑和人工智能，但这门课中人工智能相关内容占比很小，主要讲的还是数理逻辑。除此之外，我没有在学校里获得任何人工智能方面的专门教育，现在被认为是人工智能基础的机器学习、神经网络、统计学习方法等均未涉及，而线性回归在当时仍属于统计学本身的范畴，但也就不过如此了。

2010年，我所在的公司被收购，大家都很惶恐。这时，我之前的一位同事应聘到了易安信公司，希望我也加入，从事云计算相关工作。我当时不懂云计算，但没想到也顺利入职了。我加入团队后才知道，实际要做的不是云计算，而是当时很新的一个概念——大数据。大数据是2006年由Google提出来的一个概念，在国内大约到了2012年才比较有热度。

我当时在团队中的任务是开发数据分析平台，并且先后开发了两个数据分析平台。

到了2012年，我当时正好开始开发第二个数据分析平台，除了需要提供最基础的工具和存储之外，还需要给用户提供一些算法，以帮助用户直接处理数据。由于这些算法涉及机器学习的内容，我才真正开始关注“机器学习”这一概念。当时吴恩达发布在Coursera上的机器学习在线课程*Machine Learning*在世界范围内都非常火，我也在那时正式学习了这门课程，而且反复学过好几遍，才从最开始对很多概念懵懵懂懂，到能把那些概念联系起来。我花了一段时间才大概理解了这是一个模型，这个模型要由算法来实践。此外我还在线实现了一些比较简单的算法，如线性回归、决策树等。

2013～2014年，我接到了一项比较有挑战性的任务：编写一个运行在PostgreSQL里面的谱聚类（spectral clustering）算法，并在PostgreSQL中训练一个支持向量机（Support Vector Machine，SVM）模型。就现在来说，如果我们希望实现这样一个模型，有很多现成的工具库可用，只需要自己用Python编写一个原型（prototype）即可。但在当时，一方面这些工具还不是特别完善，另一方面还要在PostgreSQL中完成所有数据存储，包括中间数据运行的过程。当时的要求现在听起来比较不可思议，就是我需要用SQL去写一个算法。这个任务我当时做得比较痛苦。我先从头查阅谱聚类相关论文，论文中有很多原理、公式推导，但离代码实现还很遥远。我需要把它转化成一个计算机层面的从存储到计算的过程，最后再去写SQL。我大概花了几个月时间才完成这个项目。

2014年我加入了微软公司。我先是加入了一个大数据团队。刚加入的时候，我比较期待用机器学习的手段来处理数据，但是后来发现可能跟客观工作环境并不太一致，因此我在2015年加入了另一个团队。新团队主攻知识图谱，是微软Satori知识图谱大团队里的一个小组。加入新团队之后我才发现大型知识图谱是一个很大的框架，背后的开发人员可能涉及几百人。我们当时那个小团队主攻的是Pipeline数据导入，即从原始端进行数据收集，然后将其导入并做一些先期处理，再存储到整个框架底部的标准存储中。

到2016年，我们团队的主攻方向变成了智能对话。智能对话包含很多工程性的内容，但是其中有一个语言理解模块需要用到人工智能技术。那时的语言理解会用到很多机器学习手段，如用逻辑回归实现意图识别（intent detection），用CRF实现实体抽取等。后来随着技术的发展，开始用神经网络来实现文本分类、实体抽取，由机器学习开始向深度学习过渡，我也开始对神经网络有所了解。

到了2017年，我已经学习了五六年的机器学习，有了一些积累和体会。我在学习过程中发现，想要详细了解一个模型很难，可能这个资料中有一点，那个资料中有一点。它们可能都会提到模型的某个部分，但都不完整，而且它们之间的符号体系还不一致，学起来很痛苦。根据工作经验，我发现有几个模型很重要，需要进行全方位、多角度的理解，而在这种情况下，有一套统一的符号系统就显得非常关键了。于是我开始整理相关的机器学习知识并发布到我的个人博客上，起名为“机器学习极简入门”。出人意料地，我的博文反响不错，随后有出版社联系我出版。出版过程颇多波折，直到2021年才得以正式出版。书名仍为《机器学习极简入门》。

2018年，我分别为一所大学和一家在线教育机构设计了一份智慧教室的解决方案，即通过图像、语音和视频分析，来确认课堂中学生和教师的状态。我当时实现了这方面的设计，并且做了一些概念证明（Proof of Concept，POC），可以理解为一些很小的原型项目。但是客观上说，类似这样的项目可能涉及个人隐私和数据安全问题，难以完全商业化。此外，当时的技术手段和用户的预期差别比较大，所以类似项目都停留在了POC阶段。

2019年，公司正式成立了AI Vertical团队，中文名为“商用人工智能团队”，专门实现AI的ToB项目，给大型企业提供人工智能解决方案。在这个团队里，我属于初创人员，一直到现在。在这期间我也做过一些其他项目，例如知识图谱、智能对话，以及我们自我孵化的虚拟主播。

在这个过程中，我们发现了一个问题——项目的落地实施和客户对于AI的预期有直接关系。如果客户对AI的预期过高，或者说对它的预期和真实情况差距太大，最终都无法真正落地交付。可能都到不了交付阶段，而是早期沟通需求阶段就进行不下去。这个时候我就发现了，AI教育对于用户来说很重要，因此我们又孵化了一个教育项目——AI Talent Program，缩写为ATP。ATP主要用于给用户传达一些AI的基本原理、知识、技能，还会带领用户尝试一些简单的项目。

我们希望通过一个短期训练，能够让用户从对AI一无所知，到产生概念，再到了解AI基本原理是如何转化成具体的计算机程序代码，最终理解AI项目是如何运转的，这样才有可能理解为什么有时候AI看起来很“蠢”，有时候看起来又很“神奇”，其实它们背后的逻辑是一致的。这是我们到现在还在持续努力的一个项目。

回顾我的职业发展历程，其实我不是特别主动地选择了人工智能，而是被时代的大潮推进人工智能行业的。我从开发系统级的软件到开发数据分析平台，其中存在很大的偶然性。虽然我后来从大数据转到人工智能，但其实这两者有很多融合的技能，跨行难度要小得多。至于前面能够产生那么大的职业路径转变，和当时人工智能行业的人才短缺有关，愿意去尝试的人可能也不多，所以我才能比较顺利地零经验成功入职。

这个过程中存在偶然性，也存在必然性。必然性在于，计算机行业发展迅速，且呈现开放的状态，而我又愿意去尝试和学习。有了这两个前提，当我遇到这种新兴领域，被吸纳进去的可能性就比较大。因为新兴领域通常很缺人，它需要与其他领域抢人才，这时如果有一个不笨又愿意学习的人希望转行到该领域，这个领域还是很愿意吸纳的。

就我个人感受来说，持续学习很重要，而且有必要从根本上去学习。虽然现在学习神经网络、深度学习，好像看起来只要会编程，会调用开源的库，然后下载一份开源代码，把数据“扔”进去就能轻松训练出一个人工智能模型，但是一旦你对这个模型的效果不满意，希望提高它的准确率或者效率，这个时候如果只会黑盒操作，就很难让这个模型达到你所需要的状态。另一方面，无论在工作中负责哪个部分，使用人工智能模型可能更加考验一个人对原理性知识的基本理解。很多情况下，包括参加竞赛，可能一个人之前在人工智能的某些竞赛中获过奖，数据处理得很好，但是他缺乏对一个事情的整体、全局性的掌握，那么对应到实际业务上，还是没有意义。

在我看来，学习神经网络相关知识，也不仅仅是学习一个技能，它也可能对一个人看待世界的方式有所影响。例如，我们会对一些事情产生看法，这些看法就是我们给这些事情打的标签，这时就可以把我们人类自身看作一个个分类模型。我们是怎么打出这个标签的呢？实际上我们也是被训练出来的，是被之前灌输给我们的很多信息训练出来的。

总而言之，人工智能的学习，并不仅仅只是学一个技术那么简单。

至于说人工智能是不是会全方位地替代大家的工作，这一点我觉得现在说来还为时尚早。哪怕在一个领域中，人工智能已经做得非常成熟了，但也并不能说它能替代100%的人工。在这种领域里，我们往往可以说它能够替代80%的人工，但是就算它能替代90%的人工，最尖端的那一点点人工智能还是做不了。

如果人工智能真的在某个领域得到了充分的训练，得到了无限多的数据，那么它最终能达到的是一个称为“稳健执行者”（solid performer）的状态。例如训练一个医学领域的麻醉师模型，让它去判断一个病人在什么情况下应该怎么被麻醉。假设我们能够非常充分地训练它，那最后它可能达到一个类似三甲医院里合格麻醉师的状态，对于一般的小型手术和中型手术可以给出相对合理的解决方案，但是很难达到顺利应对各种各样非常复杂的、很难决断的情况的专家水平，实际上这种专家在人类中也是极少数。这种专家是怎么产生的？其实人类自己都没有研究明白。仅仅靠数据的堆砌和训练是根本无法实现的。另外，可能在更多方面，人工智能还远远没有得到充分的训练。现在没有一个领域能说人工智能在其中得到了绝对充分的训练，而在绝大多数领域人工智能根本还没有被训练。

所以，担心AI替代人工还为时尚早。就算AI真的能取代一些现在的工人，它在处理工作时也需要用新的数据不断地训练，这些训练的工作同样需要人工来完成，因此现在某些领域的从业者，未来可以尝试转行成为AI训练师。AI可以将人类从一些简单机械的工作中释放出来，让人类可以去做一些更具有创造性的工作。我对此还是比较乐观的。

关于人工智能的图书，我认为不能只看一本，而是要将几本类似的书对比着看，将不同书中的内容取长补短。其次，我认为使用中文书，尤其是使用中文原创书来学习会更容易一些，毕竟母语更容易理解。在机器学习方向，周志华的“西瓜书”《机器学习》和李航的《统计学习方法》都比较经典。关于深度学习原理及其应用的书层出不穷，但堪称经典的比较少，大家可以广泛阅读、择优选用。此外，还可以直接在网络上搜索人工智能的相关资料，包括论文及一些说明性文章，它们都是很好的资源。网络上还有很多开源的代码，建议读者多读代码，因为只有代码才能告诉你一个解决方案中包括每个算法在内的全部细节。最后，推荐4位微软同事共同创作的一本书《智能之门：神经网络与深度学习入门》，以及我自己写的《机器学习极简入门》，相信这两本书会对大家有所帮助。